Formeln und Tabellen zur Technischen Mechanik

Lehr- und Lernsystem
Technische Mechanik

Technische Mechanik (Lehrbuch)
A. Böge, W. Böge

Aufgabensammlung Technische Mechanik
A. Böge, G. Böge, W. Böge

Lösungen zur Aufgabensammlung Technische Mechanik
A. Böge, W. Böge

Formeln und Tabellen zur Technischen Mechanik
A. Böge, W. Böge

Alfred Böge · Wolfgang Böge

Formeln und Tabellen zur Technischen Mechanik

28., überarbeitete und erweiterte Auflage

Unter Mitarbeit von Gert Böge

Alfred Böge
Braunschweig, Deutschland

Wolfgang Böge
Wolfenbüttel, Deutschland

ISBN 978-3-658-44429-7
ISBN 978-3-658-44430-3 (eBook)
https://doi.org/10.1007/978-3-658-44430-3

Die Deutsche Nationalbibliothek verzeichnet diese Publikation in der Deutschen Nationalbibliografie; detaillierte bibliografische Daten sind im Internet über http://dnb.d-nb.de abrufbar.

Springer Vieweg

Planung/Lektorat: Eric Blaschke
Springer Vieweg ist ein Imprint der eingetragenen Gesellschaft Springer Fachmedien Wiesbaden GmbH und ist ein Teil von Springer Nature.
Die Anschrift der Gesellschaft ist: Abraham-Lincoln-Str. 46, 65189 Wiesbaden, Germany

Das Papier dieses Produkts ist recyclebar.

Vorwort zur 28. Auflage

Die Formeln und Tabellen zur Technischen Mechanik für Studierende an Fachschulen und Hochschulen für angewandte Wissenschaften sind Teil des vierbändigen Lehr- und Lernsystems Technische Mechanik von *Alfred und Wolfgang Böge* und enthalten die physikalischen, mathematischen und technischen Daten (Tabellen, Formeln, Diagramme) einschließlich eines Glossars aller in diesem Buch verwendeten Begriffe zum selbstständigen Lösen der Aufgaben aus der Aufgabensammlung Technische Mechanik.

Das Lehr- und Lernsystem hat sich auch an Fachgymnasien Technik, Fachoberschulen Technik, Beruflichen Oberschulen, Bundeswehrfachschulen und in Bachelor-Studiengängen bewährt. In Österreich wird damit an den Höheren Technischen Lehranstalten erfolgreich gearbeitet.

Die nun vorliegende 28. Auflage der Formeln und Tabellen zur Technischen Mechanik wird geprägt durch kontinuierliche Weiterentwicklungen, also der Aufnahme neuer Formeln und vieler Ergänzungen bestehender Formeln und Tabellen, auch im Hinblick auf den Einsatz in Prüfungen.
Die wichtigsten Änderungen und Erweiterungen im Einzelnen:

- Zum Kapitel 1.1 „Zentrales Kräftesystem" wurden die Zusammensetzung zweier nicht paralleler Kräfte und die Zerlegung einer Kraft mit Berechnungsformeln angefügt.
- Das Kapitel 1.4 „Drei-Kräfte-Verfahren zeichnerisch" wurde um die trigonometrische Berechnung der unbekannten Kräfte erweitert.
- Zum Kapitel 1.8 „Ritter'sches Schnittverfahren" wurde das Beispiel erweitert und damit abgerundet.
- Der Abschnitt 4 „Dynamik" wird um das Kapitel 4.4 „Freier Fall mit Luftwiderstand" erweitert.
- Zum Kapitel 5.1 „Zug- und Druckbeanspruchung" wurde eine Tabelle zur Volumenausdehnung flüssiger Stoffe hinzugefügt.
- Das Kapitel 5.4 wurde um alle Formeln zu den Flächen- und Widerstandsmomenten, Trägheitsradien, dem Steiner'schen Verschiebesatz, den Flächenmomenten bei Drehung und den Hauptflächenmomenten erweitert.
- Die Tabelle 5.12 „Stützkräfte, Biegemomente und Durchbiegungen bei Biegeträgern" wurde einspaltig gesetzt und wirkt nun wesentlich übersichtlicher.

Die zahlreichen Anregungen, konstruktiven Verbesserungsvorschläge und Hinweise von Lehrern und Studierenden wurden dankend angenommen, berücksichtigt und verarbeitet.

Alle vier Bücher des Lehr- und Lernsystems Technische Mechanik sind inhaltlich aufeinander abgestimmt.

Die aktuellen Auflagen sind:

Lehrbuch	35. Auflage
Aufgabensammlung	26. Auflage
Lösungen	21. Auflage
Formeln und Tabellen	28. Auflage

Bedanken möchte ich mich beim Lektorat Maschinenbau des Verlags Springer Vieweg für die hervorragende Zusammenarbeit bei der Realisierung der 28. Auflage der Formeln und Tabellen zur Technischen Mechanik.

Für Zuschriften steht die E-Mail-Adresse ***w_boege@t-online.de*** zur Verfügung.

Wolfenbüttel, August 2024 *Wolfgang Böge*

Inhaltsverzeichnis

Wichtige Symbole

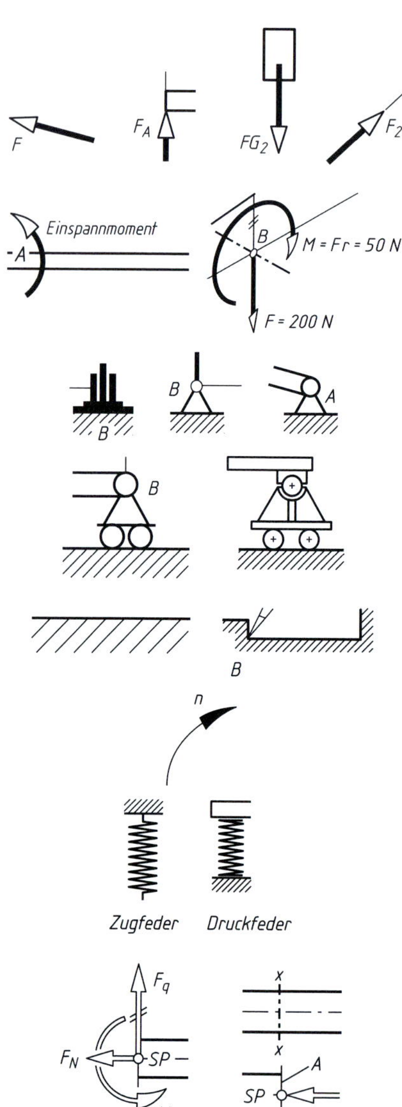

Kraft F, festgelegt durch Betrag, Wirklinie und Richtungssinn in N, kN, MN, z. B. F_A, F_2, F_{G2} (Gewichtskraft)

Drehmoment M in Nm, kNm. Grundsätzlich werden linksdrehende Drehmomente positiv, rechtsdrehende Momente negativ in z. B. Gleichgewichtsbedingungen aufgenommen.

Zweiwertiges Lager (Festlager) nimmt eine beliebig gerichtete Kraft auf. Die Wirklinie und der Betrag der Kraft sind unbekannt.

Einwertiges Lager (Loslager) nimmt nur eine rechtwinklig zur Stützfläche gerichtete Kraft auf. Die Wirklinie der Kraft ist bekannt, der Betrag ist unbekannt.

Feste Unterlage oder Stützfläche (Ebene) zur Aufnahme zum Beispiel von Los- und Festlagern oder Körpern – nicht verschieb- oder verdrehbar.

Drehrichtung, zum Beispiel einer Welle

Zug- bzw. Druckfeder

Gedachte Schnittstellen in einem Körper – zeigt innere Kräfte- und Momentensysteme

SP Schnittflächenschwerpunkt

1 Statik in der Ebene

1.1 Zentrales Kräftesystem

Resultierende F_r: Rechnerische Ermittlung

Lageskizze mit allen gegebenen Kräften und deren Komponenten F_{nx} und F_{ny} in ein rechtwinkliges Koordinatensystem eintragen.

Die Komponenten $F_{nx} = F_n \cdot \cos\alpha_n$ und $F_{ny} = F_n \cdot \sin\alpha_n$ berechnen. Für den Winkel α_n immer den Winkel einsetzen, den die Kraft F_n mit der positiven x-Achse einschließt (Richtungswinkel).

Die Teilresultierenden F_{rx} und F_{ry} berechnen:

$$F_{rx} = F_{1x} + F_{2x} + F_{3x} + \ldots F_{nx}$$

$$F_{ry} = F_{1y} + F_{2y} + F_{3y} + \ldots F_{ny}$$

Die Resultierende F_r und deren Neigungswinkel β_r zur x-Achse berechnen:

$$F_r = \sqrt{F_{rx}^2 + F_{ry}^2}; \quad \beta_r = \arctan\frac{|F_{ry}|}{|F_{rx}|}$$

Quadranten für die Resultierende F_r aus den Vorzeichen von F_{rx} und F_{ry} bestimmen.

Richtungswinkel α_r (zur positiven x-Achse) berechnen.

Unbekannte Kräfte: Rechnerische Ermittlung

Lageskizze mit den Komponenten aller Kräfte – auch der unbekannten – zeichnen. Richtungssinn der unbekannten Kräfte (F_4 und F_5) annehmen.

Die Komponenten $F_{nx} = F_n \cdot \cos\alpha_n$ und $F_{ny} = F_n \cdot \sin\alpha_n$ berechnen.

Gleichgewichtsbedingungen ansetzen:
I. $\Sigma F_x = 0$; II. $\Sigma F_y = 0$
(Vorzeichen beachten)

Gleichungssystem lösen und unbekannte Kräfte berechnen. Bei negativem Betrag für eine berechnete Kraft den angenommenen Richtungssinn umkehren.

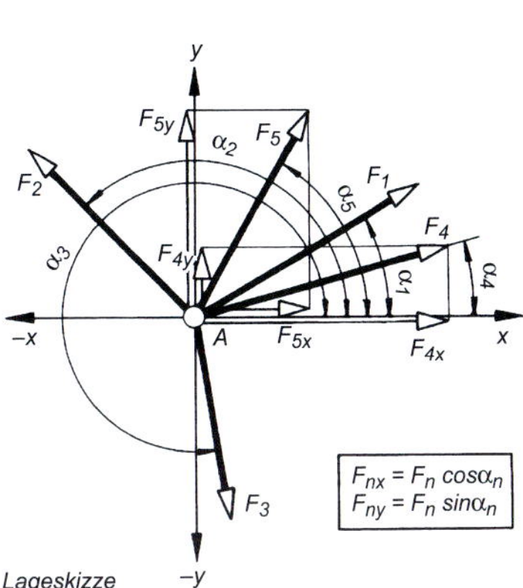

unbekannte Kräfte F_4 und F_5

A. Böge, W. Böge, *Formeln und Tabellen zur Technischen Mechanik*, https://doi.org/10.1007/978-3-658-44430-3_1

Resultierende F_r: Zeichnerische Ermittlung

Lageplan mit den Wirklinien aller gegebenen Kräfte zeichnen.

Im Kräfteplan die gegebenen Kräfte entsprechend dem gewählten Kräftemaßstab in beliebiger Reihenfolge maßstäblich aneinanderreihen, sodass sich ein fortlaufender Kräftezug ergibt.

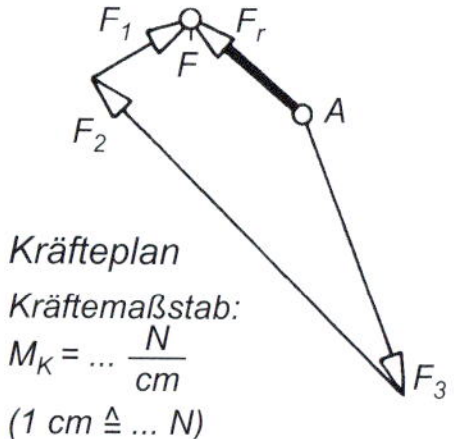

Resultierende F_r zeichnen vom Anfangspunkt A der zuerst gezeichneten Kraft zum Endpunkt E der zuletzt gezeichneten Kraft.

Resultierende F_r in den Zentralpunkt des Lageplans übertragen.

Betrag und Richtungswinkel der Resultierende F_r abmessen.

Unbekannte Kräfte: Zeichnerische Ermittlung

Lageplan mit den Wirklinien aller gegebenen und der noch unbekannten Kräfte zeichnen.

Im Kräfteplan die gegebenen Kräfte entsprechend dem gewählten Kräftemaßstab in beliebiger Reihenfolge maßstäblich aneinanderreihen, sodass sich ein fortlaufender Kräftezug ergibt.

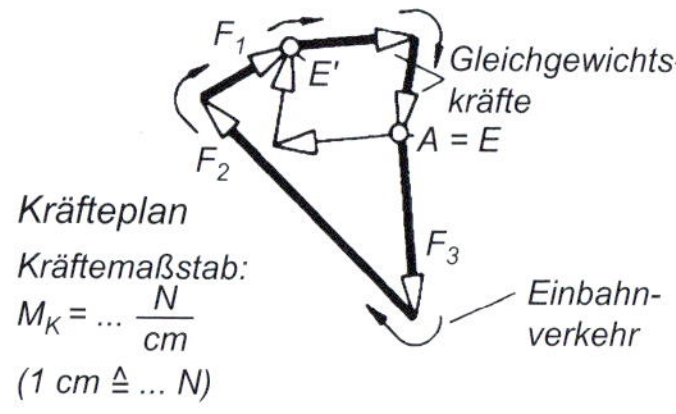

Mit den Wirklinien der gesuchten Kräfte durch Parallelverschiebung aus dem Lageplan in den Kräfteplan das Krafteck „schließen“. Kraftrichtungen (Pfeile) nach der Bedingung des „geschlossenen“ Kräftezugs (Einbahnverlauf) an den gesuchten Kräften anbringen.

Gefundene Kräfte in den Lageplan übertragen.

Zusammensetzung zweier nichtparalleler Kräfte F_1, F_2

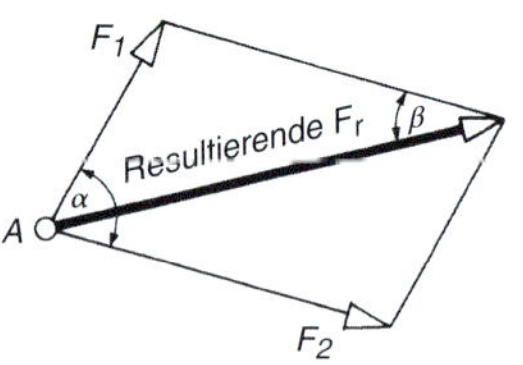

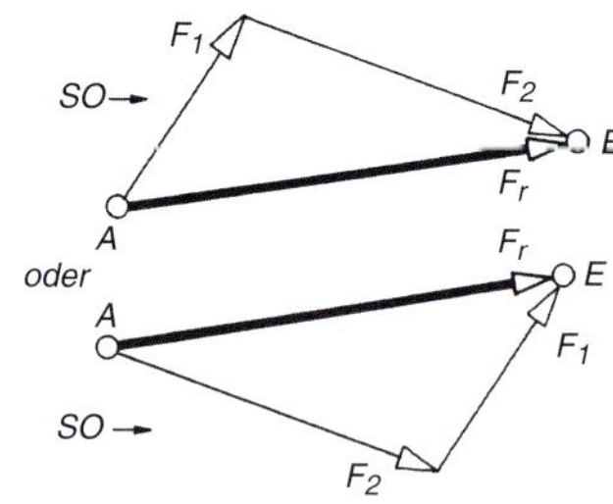

Resultierende F_r zweier Kräfte F_1, F_2:

$$F_r = \sqrt{F_1^2 + F_2^2 + 2F_1F_2\cos\alpha}$$

$$\beta = \arcsin\frac{F_1\sin\alpha}{F_r}$$

Zerlegung einer Kraft F in zwei Komponenten F_1, F_2

Komponenten F_1, F_2 einer Kraft F:

$$F_1 = F\frac{\sin\beta}{\sin\alpha}$$

$$F_2 = F\cos\beta - F_1\cos\alpha$$

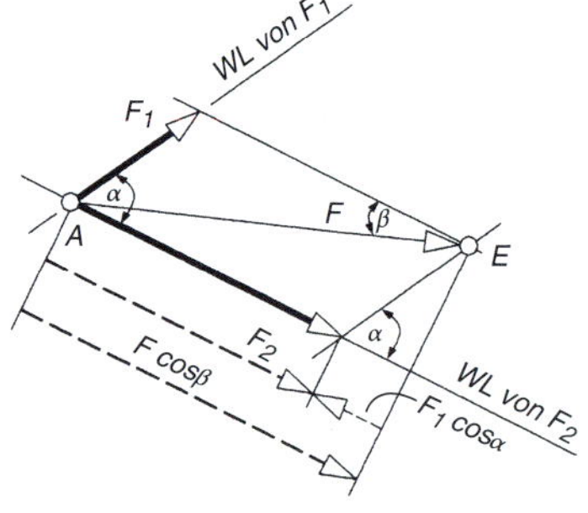

Drehmoment *M*

Drehmoment der Kraft F bezogen auf den Punkt D: $M = Fl$

Hinweis: Der Wirkabstand l ist der rechtwinklig zur Wirklinie (WL) gemessene Abstand.

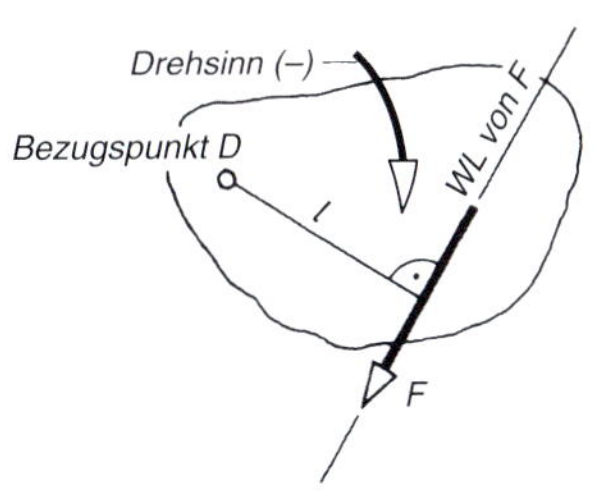

$M = F\,l$

M	F	l
Nm	N	m

(+) = Linksdrehsinn ↺

(–) = Rechtsdrehsinn ↻

1.2 Momentensatz, rechnerisch und zeichnerisch

Resultierende F_r: Rechnerische Ermittlung

Unmaßstäbliche Lageskizze der gegebenen Kräfte zeichnen.

Drehpunkt (Bezugspunkt) D zweckmäßig auf der Wirklinie einer Kraft wählen.

Lage der Resultierenden F_r nach dem Momentensatz berechnen:

Lageskizze

$F_r = -F_1 - F_2 + F_3 - F_4$

$$F_r\,l_0 = F_1\,l_1 + F_2\,l_2 + F_3\,l_3 + \ldots + F_n\,l_n$$

$F_1, F_2, \ldots, F_n$	gegebene Kräfte oder deren Komponenten
$l_1, l_2, \ldots, l_n$	deren Wirkabstände vom gewählten Drehpunkt D
l_0	Wirkabstand der Resultierenden F_r vom gewählten Drehpunkt D
$F_1\,l_1, F_2\,l_2, \ldots, F_n\,l_n$	Momente der gegebenen Kräfte (Vorzeichen beachten)

Gleichung nach l_0 umstellen $\quad l_0 = \dfrac{F_1 l_1 + F_2 l_2 + F_3 l_3 + \ldots + F_n l_n}{F_r}$

Resultierende F_r: Zeichnerische Ermittlung (*Seileckverfahren*)

Lageplan des frei gemachten Körpers mit den Wirklinien der gegebenen Kräfte zeichnen.

Kräfteplan der gegebenen Kräfte F_1, F_2 zeichnen – durch Parallelverschiebung der Wirklinien aus dem Lageplan in den Kräfteplan.

Resultierende F_r zeichnen als Verbindungslinie vom Anfangspunkt zum Endpunkt des Kräftezugs. Damit liegen Betrag und Richtungssinn von F_r fest.

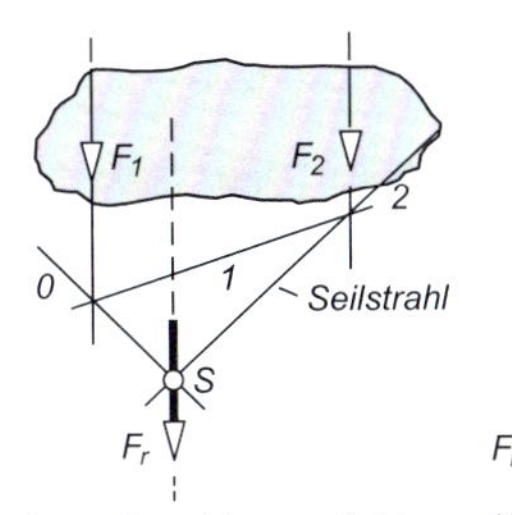

Lageplan

Längenmaßstab: $M_L = \ldots \frac{m}{cm}$ (1 cm ≙ … m)

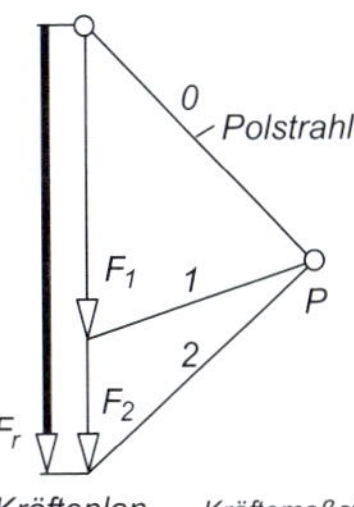

Kräfteplan

Kräftemaßstab: $M_K = \ldots \frac{N}{cm}$ (1 cm ≙ … N)

Polpunkt P beliebig wählen und Polstrahlen zeichnen.

Seilstrahlen im Lageplan zeichnen durch Parallelverschiebung aus dem Kräfteplan, dabei ist der Anfangspunkt beliebig.

Anfangs- und Endseilstrahl zum Schnitt S bringen.

Schnittpunkt der Seilzugenden ergibt Lage von F_r im Lageplan, Betrag und Richtungssinn aus dem Kräfteplan.

1.3 Drei-Kräfte-Verfahren, zeichnerisch/trigonometrisch

Zeichnerische Lösung

Drei nichtparallele Kräfte sind im Gleichgewicht, wenn das Krafteck geschlossen ist und die Wirklinien sich in einem Punkt schneiden

Lageplan des frei gemachten Körpers zeichnen und damit die Wirklinien der Belastungen und der einwertigen Lagerkraft F_1 festlegen; bekannte Wirklinien zum Schnitt S bringen.

Schnittpunkt S mit zweiwertigem Lagerpunkt B verbinden.

Krafteck mit der nach Betrag, Lage und Richtungssinn bekannten Kraft F_1 beginnen; Krafteck zeichnen (schließen).

Richtungssinn der gefundenen Kräfte in den Lageplan übertragen.

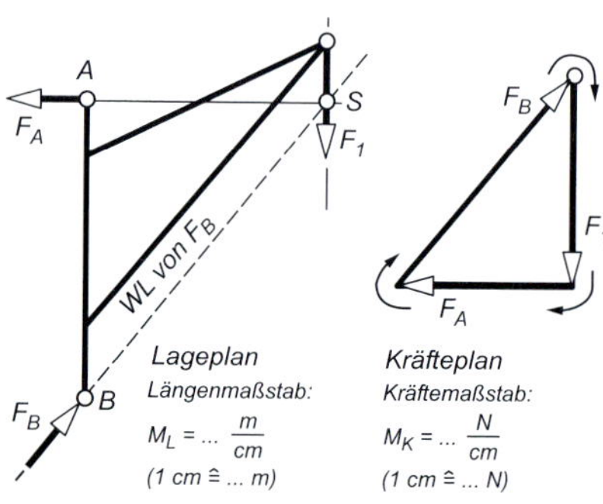

Trigonometrische Lösung

Lageskizze des freigemachten Körpers erstellen. Bekannte Wirklinien zum Schnitt S bringen.

Schnittpunkt S mit zweiwertigem Lagerpunkt B verbinden.
Winkel α der Wirklinie von F_B zur Waagerechten berechnen.

In der Krafteckskizze Winkel α eintragen und die gesuchten Kräfte F_A, F_B, F_{Bx}, F_{By} mit geeigneten Winkelfunktionen berechnen.

Lageskizze

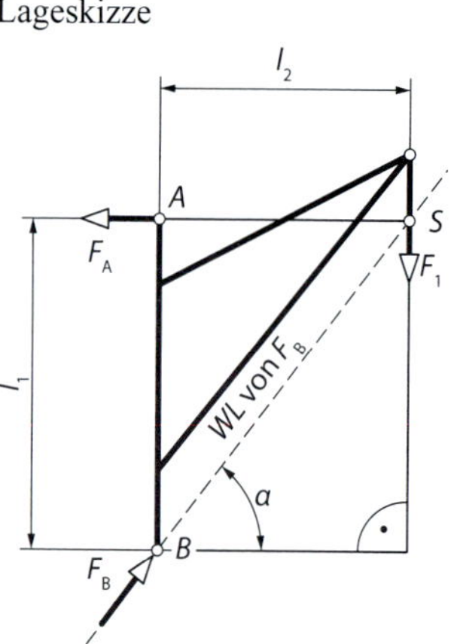

$$\alpha = \arctan \alpha = \frac{l_1}{l_2}$$

Krafteckskizze

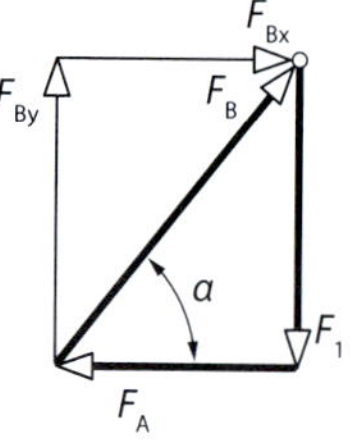

$$F_A = \frac{F_1}{\tan \alpha} \qquad F_B = \frac{F_1}{\sin \alpha}$$

$$F_{Bx} = F_A \qquad F_{By} = F_1$$

1.4 Vier-Kräfte-Verfahren, zeichnerisch

Vier nichtparallele Kräfte sind im Gleichgewicht, wenn die Resultierenden von je zwei Kräften ein geschlossenes Krafteck bilden und eine gemeinsame Wirklinie (die Culmann'sche Gerade) haben

Lageplan des frei gemachten Körpers zeichnen und darin die Wirklinien der Belastungen und Lagerkräfte festlegen.

Wirklinien von je zwei Kräften zum Schnitt I und II bringen. Gefundene Schnittpunkte zur Wirklinie der beiden Resultierenden verbinden (der Culmann'schen Geraden).

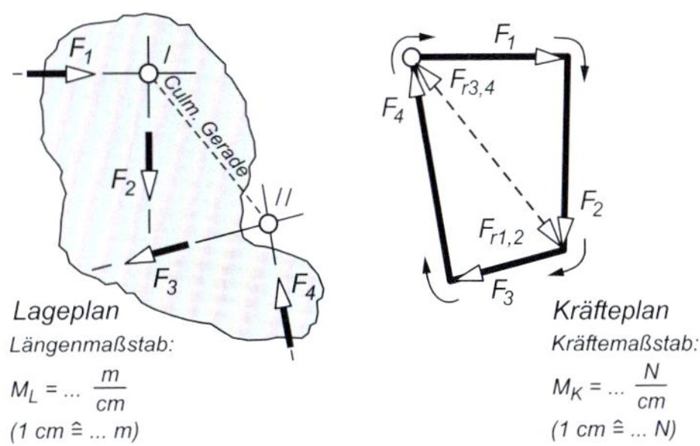

Kräfteplan mit der nach Betrag, Lage und Richtungssinn bekannten Kraft beginnen.

Kräfteplan mit der Culmann'schen Geraden und den Wirklinien der anderen Kräfte schließen.

Die Kräfte eines Schnittpunkts im Lageplan ergeben ein Teildreieck im Kräfteplan.

1.5 Schlusslinienverfahren

Das Schlusslinienverfahren ist universell anwendbar, insbesondere für parallele Kräfte.
Seileck und Krafteck müssen sich schließen.

Lageplan des frei gemachten Körpers mit Wirklinien aller Kräfte zeichnen.

Krafteck aus den gegebenen Belastungskräften zeichnen.

Pol P beliebig wählen; Polstrahlen zeichnen.

Seilstrahlen im Lageplan zeichnen, Anfangspunkt bei parallelen Kräften beliebig, sonst Anfangsseilstrahl durch Lagerpunkt des zweiwertigen Lagers legen.

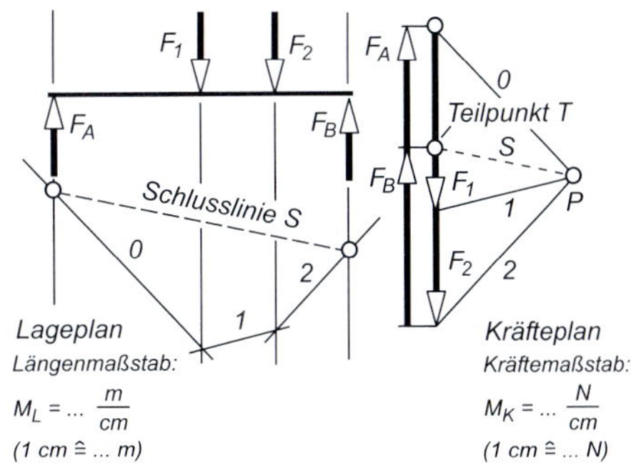

Anfangs- und Endseilstrahl mit den Wirklinien der Stützkräfte zum Schnitt bringen.

Verbindungslinie der gefundenen Schnittpunkte als „Schlusslinie“ im Seileck zeichnen.

Schlusslinie S in den Kräfteplan übertragen und damit Teilpunkt T festlegen.

Stützkräfte nach zugehörigen Seilstrahlen in das Krafteck einzeichnen.

1.6 Rechnerische Gleichgewichtsbedingungen

Analytische Lösung:

I. $\Sigma F_x = 0$		$\Sigma M_{(I)} = 0$	Die Momentengleichgewichtsbedingungen können für jeden beliebigen Punkt (auch außerhalb des Körpers) angesetzt werden.
II. $\Sigma F_y = 0$	oder	$\Sigma M_{(II)} = 0$	
III. $\Sigma M = 0$		$\Sigma M_{(III)} = 0$	

Lageskizze des frei gemachten Körpers zeichnen.

Alle Kräfte – auch die noch unbekannten – in ihre Komponenten zerlegen.

Gleichgewichtsbedingungen ansetzen.

Meist enthält Gleichung III nur eine Unbekannte – damit beginnen.

Bei negativem Betrag für eine berechnete Kraft zum Schluss den angenommenen Richtungssinn umkehren.

Auch der dreimalige Ansatz der Momentengleichgewichtsbedingung führt zum Ziel. Aber: Die drei Punkte I, II, III dürfen nicht auf einer Geraden liegen

1.7 Knotenschnittverfahren

Lageskizze des freigemachten Fachwerkträgers zeichnen, die Knotenpunkte mit römischen Ziffern und die Stäbe mit arabischen Ziffern kennzeichnen.

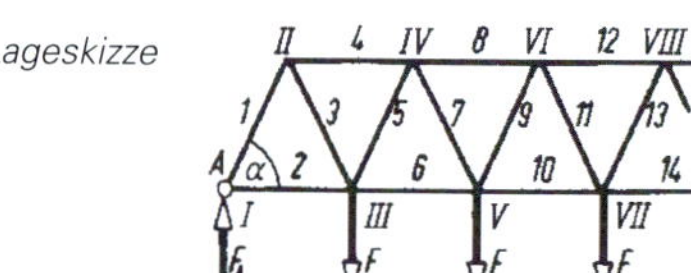

Stützkräfte mit

I. $\Sigma F_x = 0$

II. $\Sigma F_y = 0$

III. $\Sigma M_{(D)} = 0$ berechnen.

Stabwinkel aus der Lageskizze berechnen.

Alle am Knoten wirkenden Kräfte in ein rechtwinkliges Koordinatensystem eintragen.

Pfeilrichtung immer vom Knoten weg eintragen.

Beginnen mit dem Knoten, der nur zwei unbekannte Stabkräfte hat.

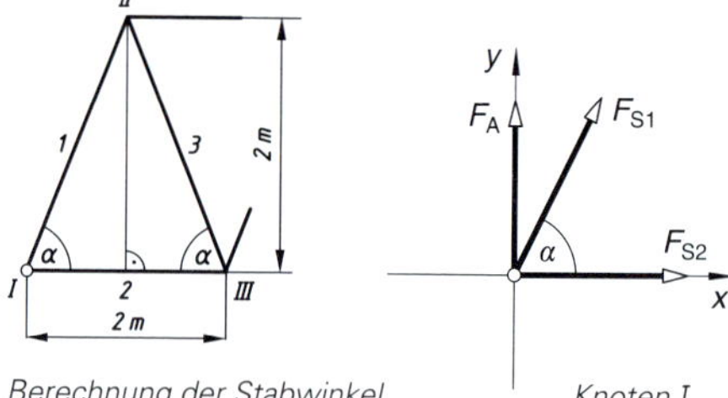

Berechnung der Stabwinkel

Knoten I

$$\alpha = \arctan \frac{2\,\text{m}}{1\,\text{m}} = 63{,}4°$$

Mit

I. $\Sigma F_x = 0$

II. $\Sigma F_y = 0$ die Stabkräfte berechnen.

Hinweis: Negative Beträge müssen mit ihrem Vorzeichen in Folgerechnungen übernommen werden.

Stabkräfte in eine Tabelle für Zug- und Druckkräfte eintragen.

1.8 Ritter'sches Schnittverfahren

Stabkräfte:
Rechnerische Ermittlung

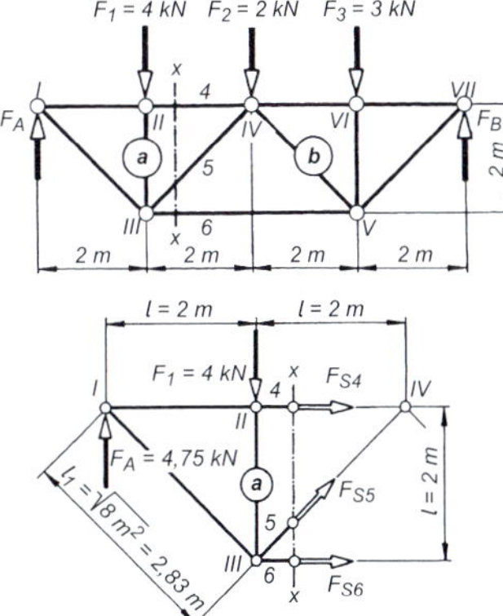

Lageskizze des Fachwerks zeichnen.

Stützkräfte mit

I. $\Sigma F_x = 0$
II. $\Sigma F_y = 0$
III. $\Sigma M_{(D)} = 0$ berechnen.

Fachwerk durch einen Schnitt (x–x) trennen. Der Schnitt darf höchstens drei Zweigelenkstäbe treffen, sie dürfen keinen gemeinsamen Knoten haben.

Lageskizze des abgeschnittenen Trägerteils (a) zeichnen, dabei die unbekannten Stabkräfte als Zugkräfte annehmen.

Die drei Momenten-Gleichgewichtsbedingungen $\Sigma M = 0$ aufstellen und auswerten.

Positives Ergebnis → Zugstab, negatives Ergebnis → Druckstab

Beispiel:

$\Sigma M_{(III)} = 0 = -F_{S4}\, l - F_A\, l$

$F_{S4} = (-F_A\, l) / l = -4{,}75$ kN (Druckstab)

$\Sigma M_{(IV)} = 0 = F_1\, l + F_{S6}\, l - F_A \cdot 2l$

$F_{S6} = 2F_A - F_1 = 5{,}5$ kN (Zugstab)

$\Sigma M_{(I)} = 0 = F_{S6}\, l + F_{S5}\, l_1 - F_1\, l$

$$F_{S5} = \frac{(F_1 - F_{S6})\, l}{l_1} = -1{,}06 \text{ kN (Druckstab)}$$

2 Schwerpunkte

2.1 Schwerpunktsbestimmung

Die Lage des Schwerpunkts einer beliebigen Linie oder Fläche wird *rechnerisch* mit dem darauf zugeschnittenen *Momentensatz* (1.2) bestimmt, *zeichnerisch* mit dem *Seileckverfahren* (1.3).

Dabei fasst man die Einzellinien oder Einzelflächen als parallele Kräfte auf und bestimmt den Wirkabstand der Resultierenden von einer beliebigen Bezugsachse. Das ist dann der gesuchte Schwerpunktsabstand.

Momentensatz für zusammengesetzte Flächen (Bohrungen haben entgegengesetzten Drehsinn)

Schwerpunktsabstand in x-Richtung

$$A x_0 = A_1 x_1 + A_2 x_2 + \ldots + A_n x_n$$

$$x_0 = \frac{\Sigma A_n x_n}{\Sigma A_n}$$

Schwerpunktsabstand in y-Richtung

$$A y_0 = A_1 y_1 + A_2 y_2 + \ldots + A_n y_n$$

$$y_0 = \frac{\Sigma A_n y_n}{\Sigma A_n}$$

n	A_n	x_n	y_n	$A_n x_n$	$A_n y_n$
1					
2					
3					
	$A = \Sigma A_n$			$\Sigma A_n x_n$	$\Sigma A_n y_n$

$A_1, A_2 \ldots$ die bekannten Teilflächen in z. B. mm²

$x_1, x_2 \ldots$ / $y_1, y_2 \ldots$ die bekannten Schwerpunktsabstände der Teilflächen von den Bezugsachsen z. B. in mm

A die Gesamtfläche ($A_1 + A_2 + \ldots + A_n$) z. B. in mm²

x_0, y_0 die Schwerpunktsabstände der Gesamtfläche von den Bezugsachsen z. B. in mm

Momentensatz für zusammengesetzte Linienzüge

Schwerpunktsabstand in x-Richtung

$$l x_0 = l_1 x_1 + l_2 x_2 + \ldots + l_n x_n$$

$$x_0 = \frac{\Sigma l_n x_n}{\Sigma l_n}$$

Schwerpunktsabstand in y-Richtung

$$l y_0 = l_1 y_1 + l_2 y_2 + \ldots + l_n y_n$$

$$y_0 = \frac{\Sigma l_n y_n}{\Sigma l_n}$$

n	l_n	x_n	y_n	$l_n x_n$	$l_n y_n$
1					
2					
3					
	$l = \Sigma l_n$			$\Sigma l_n x_n$	$\Sigma l_n y_n$

$l_1, l_2 \ldots$ die bekannten Teillängen z. B. in mm

$x_1, x_2 \ldots$ / $y_1, y_2 \ldots$ die bekannten Schwerpunktsabstände der Teillinien von den Bezugsachsen z. B. in mm

l die Gesamtlänge ($l_1 + l_2 + \ldots + l_n$) des Linienzugs z. B. in mm

x_0, y_0 die Schwerpunktsabstände des Linienzugs von den Bezugsachsen z. B. in mm

A. Böge, W. Böge, *Formeln und Tabellen zur Technischen Mechanik*, https://doi.org/10.1007/978-3-658-44430-3_2

2.2 Flächenschwerpunkt

Dreieck

$$y_0 = \frac{h}{3}$$

$$A = \frac{b \cdot h}{2}$$

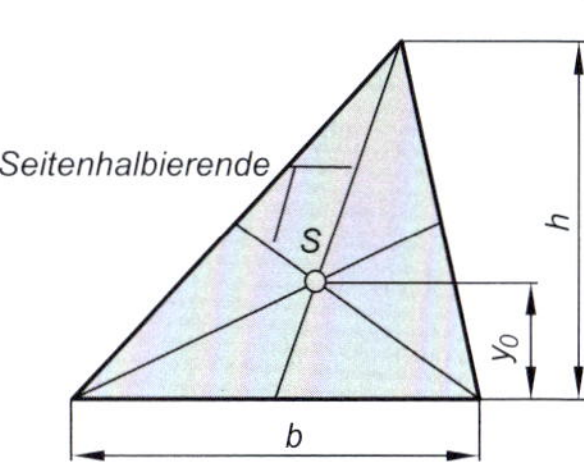

Parallelogramm

$$y_0 = \frac{h}{2}$$

$$A = b \cdot h$$

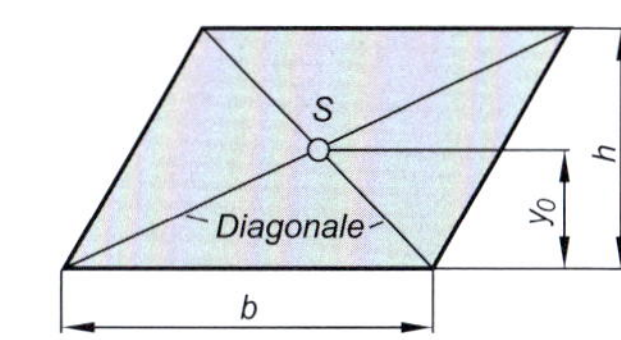

Trapez

$$y_0 = \frac{h}{3} \cdot \frac{a+2b}{a+b}$$

$$y_0' = \frac{h}{3} \cdot \frac{2a+b}{a+b}$$

$$A = \frac{a+b}{2} \cdot h$$

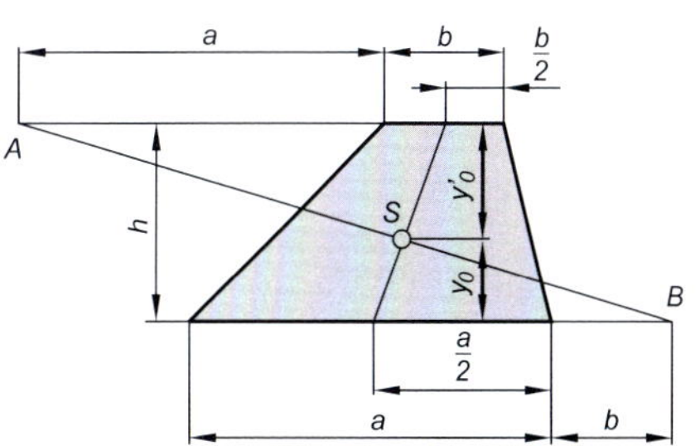

Kreisausschnitt

$$y_0 = \frac{2}{3} \cdot \frac{R\,s}{b} \qquad b = \frac{2R\,\alpha°\,\pi}{180°}$$

$$s = 2R \sin\alpha$$

$$y_0 = 38{,}197 \cdot \frac{R \sin\alpha}{\alpha°}$$

$y_0 = 0{,}4244\,R$ für Halbkreisfläche

$y_0 = 0{,}6002\,R$ für Viertelkreisfläche

$y_0 = 0{,}6366\,R$ für Sechstelkreisfläche

$$A = \frac{R^2\alpha}{57{,}3°}$$

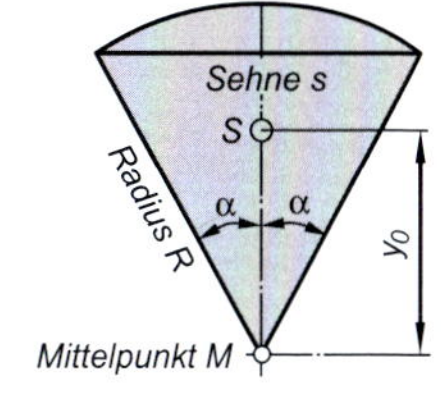

Kreisringausschnitt

$$y_0 = 38{,}197 \cdot \frac{(R^3 - r^3)\sin\alpha}{(R^2 - r^2)\,\alpha°}$$

$$A = \frac{(R^2 - r^2)\,\alpha}{57{,}3°}$$

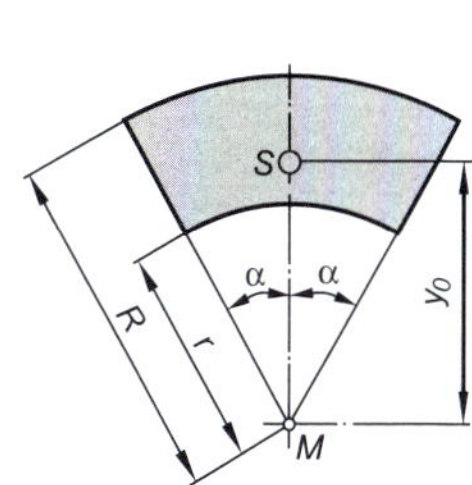

Schwerpunkte 2

Kreisabschnitt

$$y_0 = \frac{s^3}{12A}$$

$$A = \frac{R(b-s) + s\,h}{2}$$

$$h = 2R\sin^2(\alpha/2)$$

$$s = 2R\sin\alpha$$

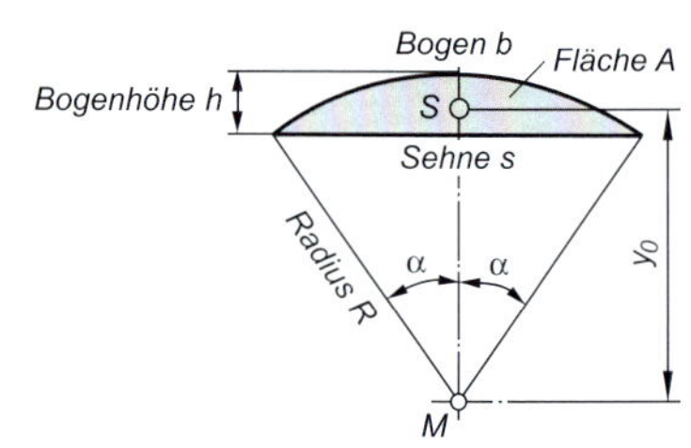

Parabelfläche

$$x_{01} = \frac{3}{8}a \qquad x_{02} = \frac{3}{4}a$$

$$y_{01} = \frac{3}{5}b \qquad y_{02} = \frac{3}{10}b$$

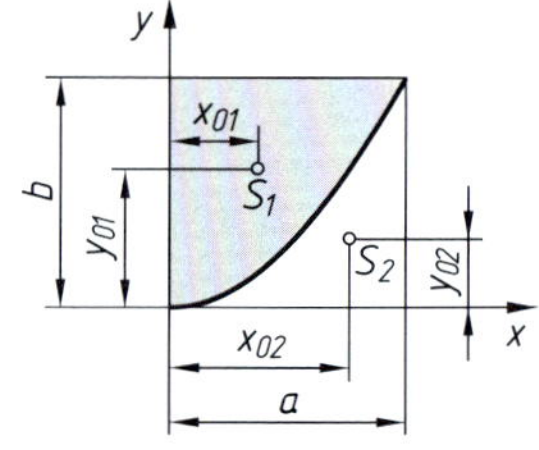

Kugelzone

$$y_0 = \frac{r}{2}\,(\cos\alpha_1 + \cos\alpha_2)$$

$$y_0 = \frac{r}{2}\cdot\left(\frac{h+h_0}{r} + \frac{h_0}{r}\right) = \frac{h}{2} + h_0$$

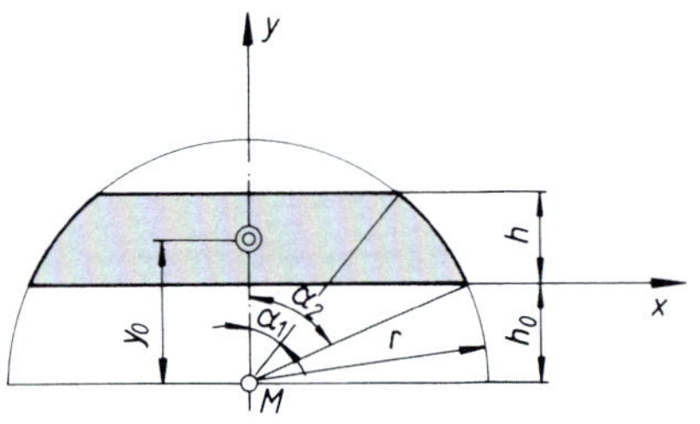

2.3 Linienschwerpunkt

Strecke

$$x_0 = \frac{l}{2}$$

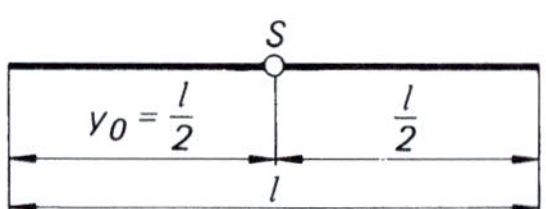

Dreiecksumfang

$$y_0 = \frac{h}{2}\cdot\frac{a+b}{a+b+c}$$

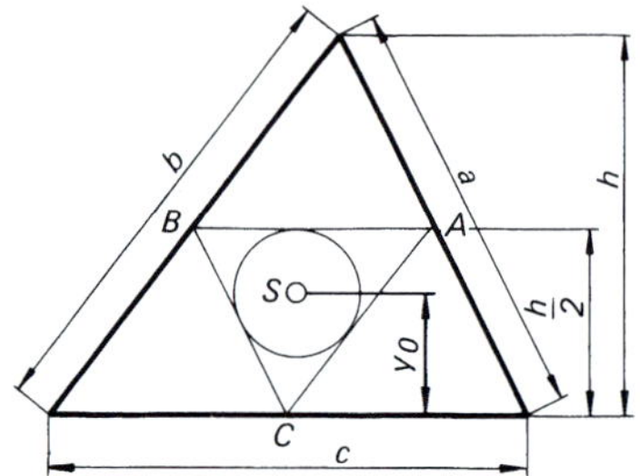

Kreisbogen

$$y_0 = \frac{R\,s}{b} \qquad b = \frac{2R\,\alpha^\circ\,\pi}{180^\circ}$$

$$s = 2R\sin\alpha$$

$y_0 = 0{,}6366\,R$ für Halbkreisbogen

$y_0 = 0{,}9003\,R$ für Viertelkreisbogen

$y_0 = 0{,}9549\,R$ für Sechstelkreisbogen

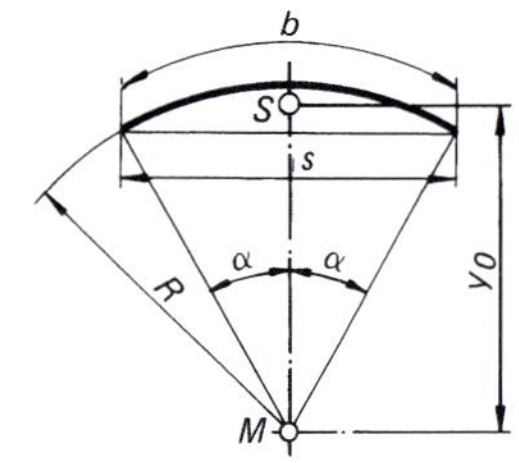

2.4 Guldin'sche Regel

Guldin'sche Regel für Mantelfläche (Oberfläche) A

Mantelfläche

$A = 2\pi\, l\, x_0 = 2\pi\, \Sigma \Delta l\, x$

Hinweis:

Das Produkt $l\, x_0$ wird mit dem Momentensatz (2.1) berechnet.

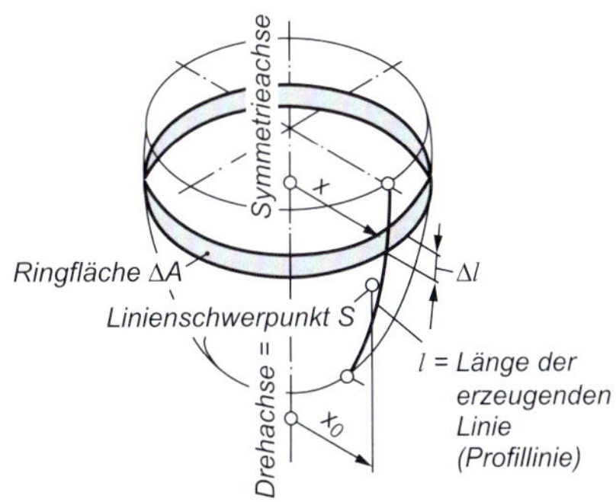

Guldin'sche Regel für Körperinhalt (Volumen) V

Volumen

$V = 2\pi\, A\, x_0 = 2\pi\, \Sigma \Delta A\, x$

Hinweis:

Das Produkt $A\, x_0$ wird mit dem Momentensatz (2.1) berechnet.

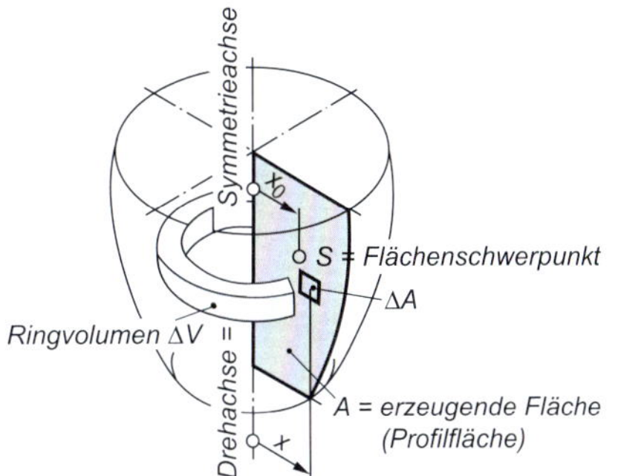

2.5 Standsicherheit

Kippmoment $M_k = F\, a$

Standmoment $M_s = F_G\, b$

Standsicherheit

$$S = \frac{M_s}{M_k} = \frac{F_G\, b}{F\, a} = \frac{b}{f}$$

S	M_s, M_k	F_G, F	a, b, f
1	Nm	N	m

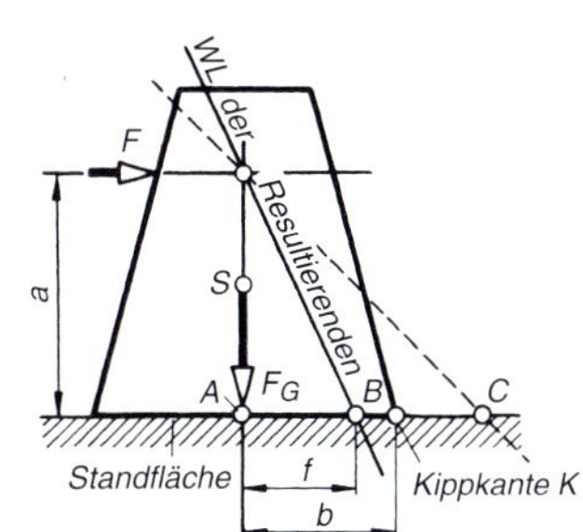

$S > 1$ sicherer Stand eines Körpers

$S = 1$ Kippgrenze

$S < 1$ Kippen des Körpers

Hinweis: Die Standsicherheit S hat immer ein positives Vorzeichen.

3 Reibung

3.1 Reibung, allgemein

Reibungskraft F_R

$$F_R = F_N \mu$$

F_N Normalkraft, μ Reibungszahl

Reibungszahl

$$\mu = \tan \varrho$$

ϱ Reibungswinkel

maximale Haftreibungskraft F_{R0max}

$$F_{R0\,max} = F_N \mu_0$$

F_N Normalkraft, μ_0 Haftreibungszahl

Haftreibungszahl μ_0

$$\mu_0 = \tan \varrho_0$$

ϱ_0 Haftreibungswinkel

Reibungszahlen μ_0 und μ für ausgewählte Werkstoffpaarungen (Klammerwerte sind die Gradzahlen für die Winkel ϱ_0 und ϱ)

$\varrho = \arctan \mu$

Werkstoff	Haftreibungszahl μ_0		Gleitreibungszahl μ	
	trocken	gefettet	trocken	gefettet
Stahl auf Stahl	0,2 (11,3)	0,1 (5,7)	0,15 (8,5)	0,05 (2,9)
Stahl auf Gusseisen (GJL)	0,2 (11,3)	0,15 (8,5)	0,18 (10,2)	0,1 (5,7)
Stahl auf CuSn-Legierung	0,2 (11,3)	0,1 (5,7)	0,1 (5,7)	0,05 (2,9)
Stahl auf PbSn-Legierung	0,15 (8,5)	0,1 (5,7)	0,1 (5,7)	0,04 (2,3)
Stahl auf Polyamid	0,3 (16,7)	0,15 (8,5)	0,3 (16,7)	0,08 (4,6)
Stahl auf Reibbelag	0,6 (31)	0,3 (16,7)	0,5 (26,6)	0,04 (2,3)
Stahl auf Holz	0,6 (31)	0,1 (5,7)	0,4 (21,8)	0,05 (2,9)
Holz auf Holz	0,5 (26,6)	0,2 (11,3)	0,3 (16,7)	0,1 (5,7)
Gummiriemen auf Gusseisen (GJL)	–	–	0,4 (21,8)	–
PU-Flachriemen mit Lederbelag auf Gusseisen (GJL)	–	–	0,3 (16,7)	–
Wälzkörper auf Stahl	–	–	–	0,002 (0,1)
Gusseisen auf CuSn-Legierung	0,3 (16,7)	0,15 (8,5)	0,18 (10,2)	0,1 (5,7)

A. Böge, W. Böge, *Formeln und Tabellen zur Technischen Mechanik*, https://doi.org/10.1007/978-3-658-44430-3_3

3.2 Reibung auf der schiefen Ebene

Allgemeine Fälle

Verschieben nach oben $$F = F_G \frac{\sin\alpha + \mu\cos\alpha}{\cos(\beta-\alpha) + \mu\sin(\beta-\alpha)}$$

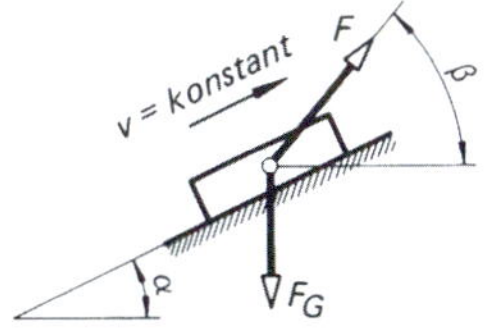

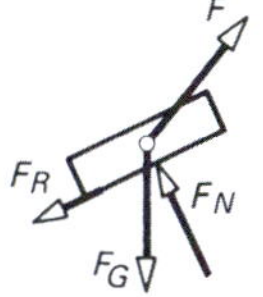

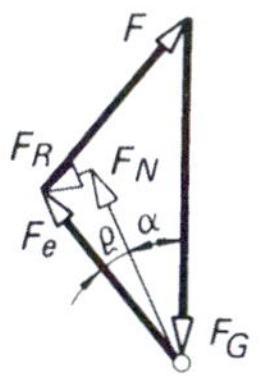

Halten auf der Ebene $$F = F_G \frac{\sin\alpha - \mu_0\cos\alpha}{\cos(\beta-\alpha) - \mu_0\sin(\beta-\alpha)}$$

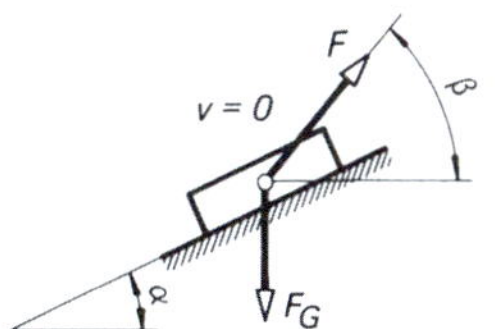

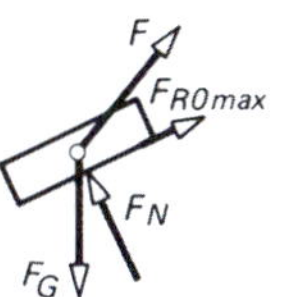

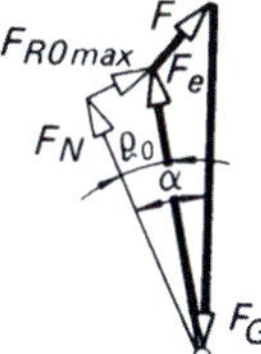

Verschieben nach unten $$F = F_G \frac{\sin\alpha - \mu\cos\alpha}{\mu\sin(\beta-\alpha) - \cos(\beta-\alpha)}$$

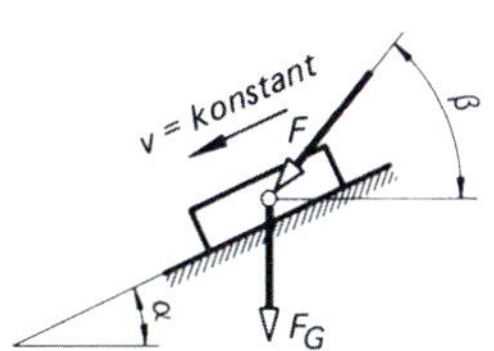

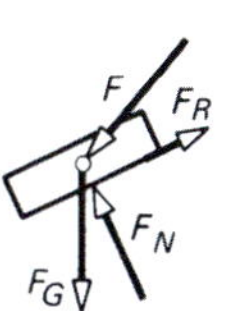

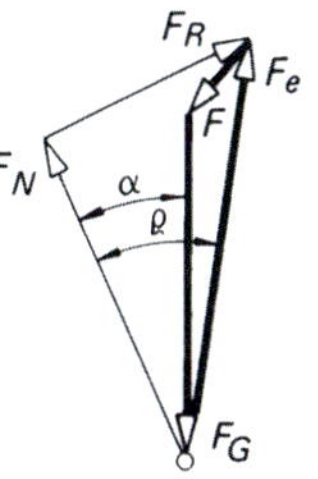

Spezielle Fälle

Kraft *F* wirkt parallel zur schiefen Ebene

Verschieben nach oben $$F = F_G \frac{\sin(\alpha+\varrho)}{\cos\varrho} \qquad F = F_G(\sin\alpha + \mu\cos\alpha)$$

$\varrho = \arctan\mu$

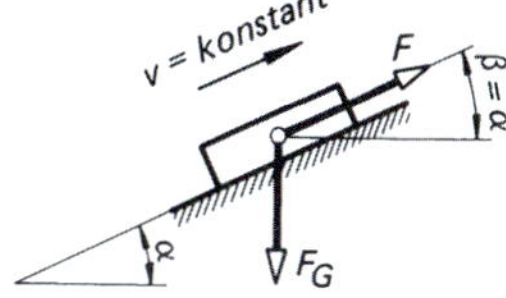

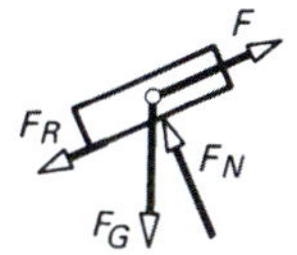

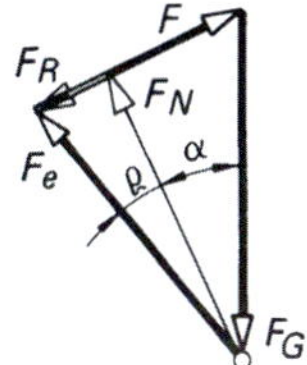

Halten auf der Ebene $F = F_G \dfrac{\sin(\alpha - \varrho_0)}{\cos \varrho_0}$ $F = F_G(\sin\alpha - \mu_0 \cos\alpha)$

$\varrho_0 = \arctan \mu_0$

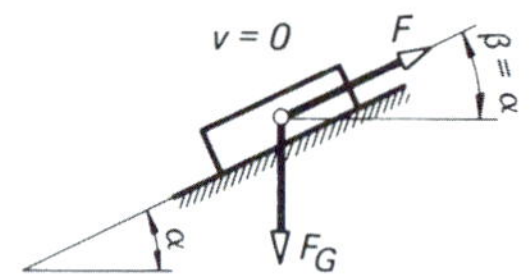

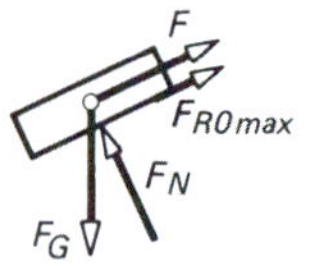

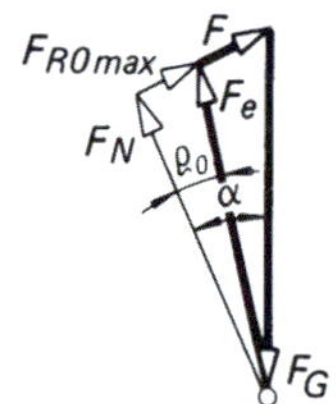

Verschieben nach unten $F = F_G \dfrac{\sin(\varrho - \alpha)}{\cos \varrho}$ $F = F_G(\mu \cos\alpha - \sin\alpha)$

$\varrho = \arctan \mu$

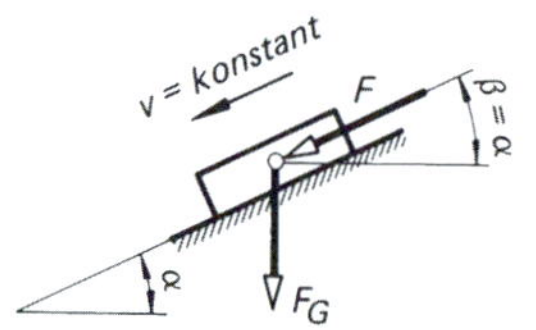

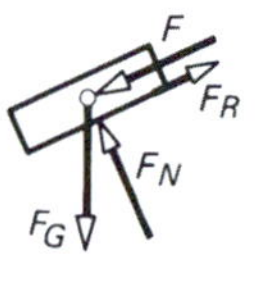

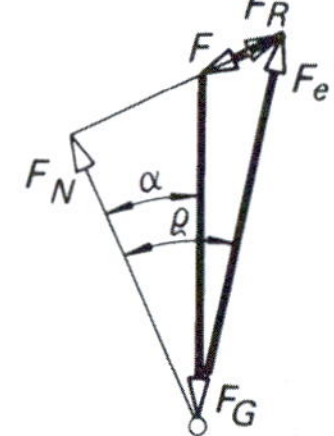

Kraft *F* wirkt waagerecht

Verschieben nach oben $F = F_G \dfrac{\sin\alpha + \mu \cos\alpha}{\cos\alpha - \mu \sin\alpha}$ $F = F_G \tan(\alpha + \varrho)$

$\varrho = \arctan \mu$

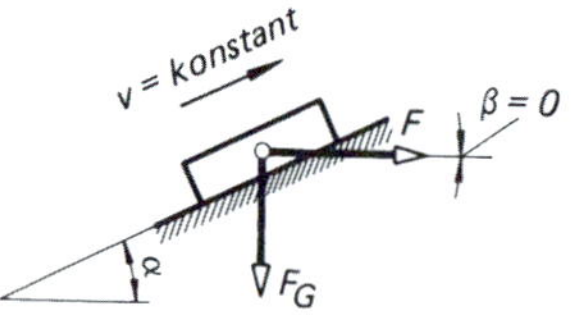

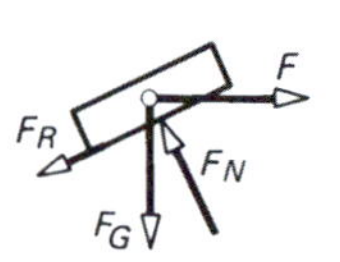

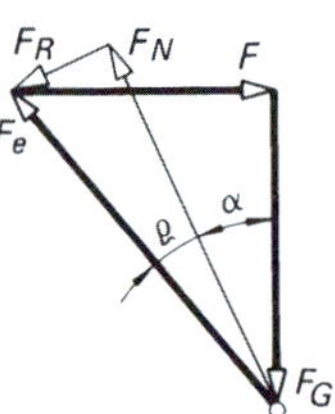

Halten auf der Ebene $F = F_G \dfrac{\sin\alpha - \mu_0 \cos\alpha}{\cos\alpha + \mu_0 \sin\alpha}$ $F = F_G \tan(\alpha - \varrho_0)$

$\varrho_0 = \arctan \mu_0$

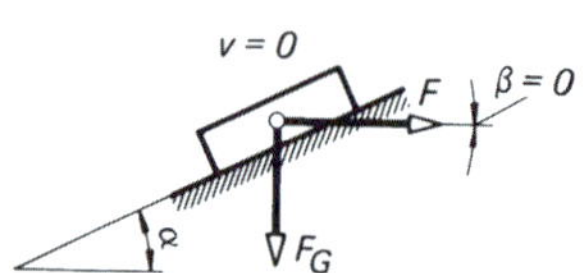

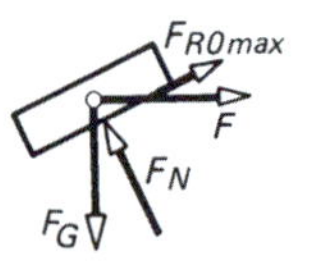

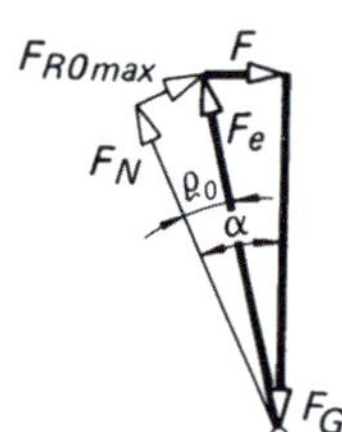

Verschieben nach unten $F = F_G \dfrac{\mu \cos\alpha - \sin\alpha}{\cos\alpha + \mu \sin\alpha}$ $F = F_G \tan(\varrho - \alpha)$

$\varrho = \arctan \mu$

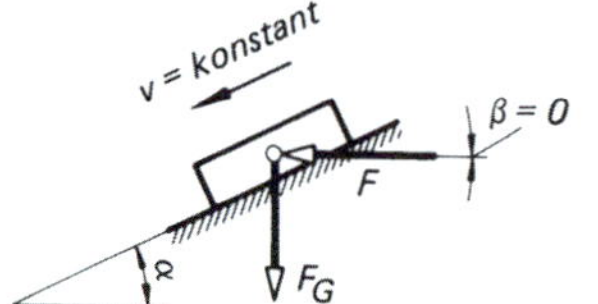

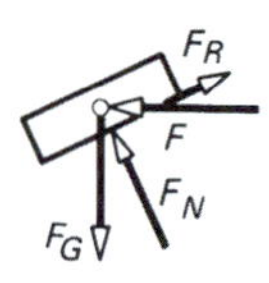

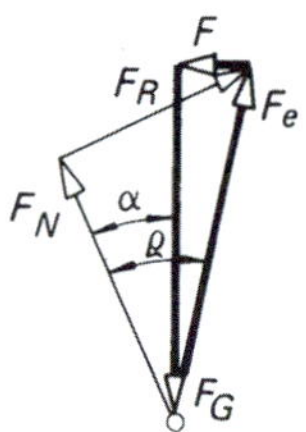

3.3 Zylinderführung

Kräfte an der Zylinderführung

Die Führungsbuchse klemmt sich fest, solange die Wirklinie der resultierenden Verschiebekraft F durch die Überdeckungsfläche der beiden Reibungskegel geht. Dann stehen die Stützkräfte (Ersatzkräfte aus Reibungskraft F_R und Normalkraft F_N) mit der Kraft F im Gleichgewicht; ihre Wirklinien schneiden sich in einem Punkt, der innerhalb der Überdeckungsfläche liegt.

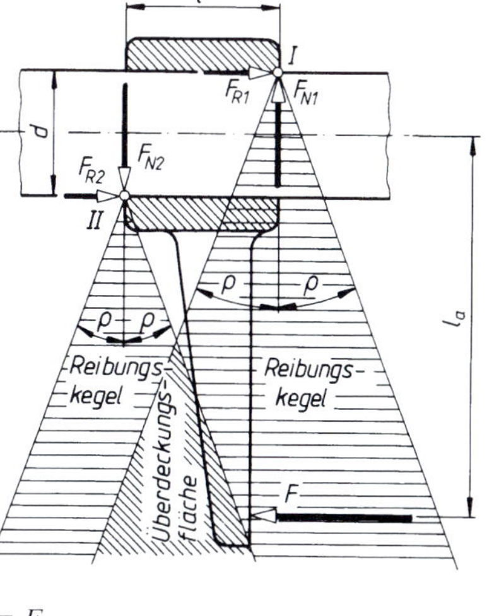

Die drei Gleichgewichtsbedingungen ergeben:

I. $\Sigma F_x = 0 = +F_{R1} + F_{R2} - F$

II. $\Sigma F_y = 0 = +F_{N1} - F_{N2}$

also $F_{N1} = F_{N2}$ und damit auch $F_{R1} = F_{R2}$

III. $\Sigma M_{(II)} = 0 = -F_{R1}d + F_{N1}l - F(l_a - d/2)$

Mit $F_R = F_N\,\mu$ und $F = 2\,F_R$ aus Gleichung I wird Gleichung III weiterentwickelt:

$$\text{III.}\quad F_N\mu \cdot d - F_N l + 2F_N\mu\left(l_a - \frac{d}{2}\right) = 0$$

$$\mu d - l + 2\mu\, l_a - 2\mu\,\frac{d}{2} = 0$$

Daraus ergibt sich die *Führungslänge l*

Führungslänge

$$l = 2\,\mu\, l_a$$

l	l_a	μ
mm	mm	1

Klemmbedingung

Bei $l < 2\,\mu\,l_a$ klemmt sich die Buchse fest, bei $l > 2\,\mu\,l_a$ gleitet sie. Festklemmen oder Gleiten ist unabhängig von der Größe der verschiebenden Kraft F.

3.4 Prismenführung

Verschiebekraft

$$F_V = F\,\frac{\mu_1 \cos\alpha_2 + \mu_2 \cos\alpha_1}{\sin(\alpha_1 + \alpha_2)}$$

Normalkräfte

$$F_{N1} = F\,\frac{\cos\alpha_2}{\sin(\alpha_1 + \alpha_2)}$$

$$F_{N2} = F_{N1}\,\frac{\cos\alpha_1}{\cos\alpha_2}$$

Reibungskräfte

$$F_{R1} = F_{N1}\,\mu_1 \qquad F_{R2} = F_{N2}\,\mu_2$$

Für die *symmetrische* Prismenführung ist $\alpha_1 = \alpha_2 = \alpha$

Normalerweise sind auch die Reibungszahlen gleich groß: $\mu_1 = \mu_2 = \mu$

Verschiebekraft (Reibungskraft F_R)	$F_V = F_R = F\mu'$

F, F_V, F_N, F_R	μ, μ'
N	1

Keilreibungszahl $\mu' = \dfrac{\mu}{\sin\alpha}$ α ist der halbe Keilwinkel

3.5 Reibung an der Schraube

Umfangskraft $F_u = F\tan(\alpha \pm \varrho')$

F_u, F	M_{RG}, M_A	d_2, r_a, P
N	Nmm	mm

F_u Umfangskraft am Gewinde
F Schraubenlängskraft = Vorspannkraft
α Steigungswinkel des Gewindes
ϱ' Reibungswinkel im Gewinde (≈ 9° für Stahl auf Stahl)
d_2 Flankendurchmesser

Gewindereibungsmoment $M_{RG} = F\dfrac{d_2}{2}\tan(\alpha \pm \varrho')$

Anzugsmoment $M_A = F\left[\dfrac{d_2}{2}\tan(\alpha \pm \varrho') \pm \mu_a r_a\right]$

(+) für Anziehen,
(–) für Lösen

μ_a Reibungszahl der Mutterauflage (3.1)
r_a Reibungsradius $\approx 0{,}7\,d$ bei Sechskantmutter
d Gewinde-Nenndurchmesser

Wirkungsgrad für Schraubgetriebe $\eta = \dfrac{\tan\alpha}{\tan(\alpha + \varrho')}$

Selbsthemmung des Schraubgetriebes bei $\eta \leq 0{,}5$

Auflagereibungsmoments $M_{Ra} = F_{Ra}\,r_a = F_{\mu a}\,r_a$

Steigungswinkel des Gewindes $\alpha = \arctan\dfrac{P}{\pi d_2}$

P Steigung

Reibungswinkel im Gewinde $\varrho' = \operatorname{arc\,tan}\mu' = \operatorname{arc\,tan}\dfrac{\mu}{\cos(\beta/2)}$

β Flankenwinkel des Gewindes
$\mu' \approx 0{,}16$ bei metrischem Regelgewinde und Stahl auf Stahl

3.6 Seilreibung

Seilzugkraft	$F_1 = F_2\, e^{\mu\alpha}$
Seilreibungskraft	$F_R = F_1 - F_2 = F_2(e^{\mu\alpha} - 1) = F_1 \dfrac{e^{\mu\alpha} - 1}{e^{\mu\alpha}}$
Euler'sche Zahl	$e = 2{,}71828$

Hinweis:

Umschlingungswinkel muss im Bogenmaß eingesetzt werden: $\hat{\alpha} = \dfrac{\alpha^\circ \cdot \pi}{180^\circ}$

3.7 Reibung am Tragzapfen (Querlager)

Lagerreibungskraft	$F_R = F\mu$
Reibungsmoment	$M_R = F_R\, r$ $M_R = F\mu r$
Reibungsleistung	$P_R = F_R\, v$ $P_R = M_R\, \omega$

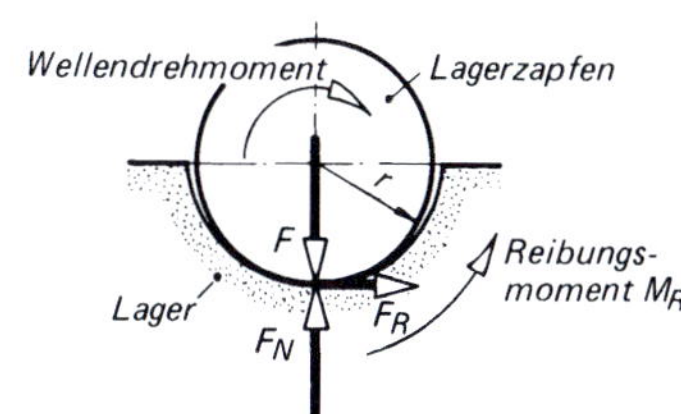

μ Tragzapfenreibungszahl und Spurzapfenreibungszahl
$\mu \approx 0{,}002 \ldots 0{,}01$

P_R	F_R	M_R	r	v	ω	μ
$W = \dfrac{Nm}{s}$	N	Nm	m	m/s	$\dfrac{rad}{s} = \dfrac{1}{s}$	1

3.8 Reibung am Spurzapfen (Längslager)

Reibungsmoment	$M_R = F\mu r_m$
Reibungsleistung	$P_R = M_R\, \omega$
Wirkungsradius der Reibungskraft	$r_m = \dfrac{r_1 + r_2}{2}$

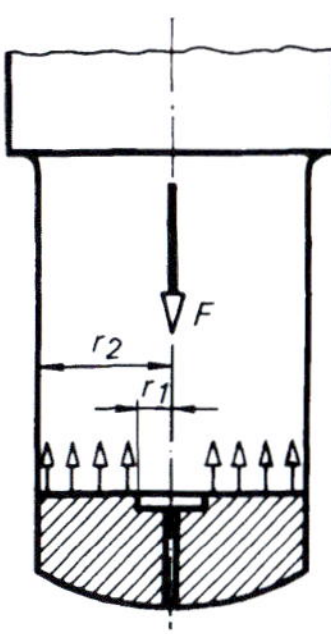

μ Tragzapfenreibungszahl und Spurzapfenreibungszahl
$\mu \approx 0{,}002 \ldots 0{,}01$

P_R	F_R	M_R	r	v	ω	μ
$W = \dfrac{Nm}{s}$	N	N m	m	m/s	$\dfrac{rad}{s} = \dfrac{1}{s}$	1

3.9 Bremsen

Backenbremse mit überhöhtem Drehpunkt D

Bremskraft	$F = F_N \dfrac{(l_1 \pm \mu l_2)}{l}$
Bremsmoment	$M = \dfrac{F l \mu r}{(l_1 \pm \mu l_2)}$

(+) bei Rechtslauf, (–) bei Linkslauf

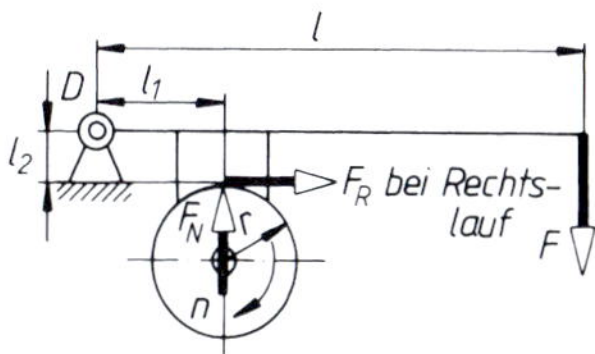

Selbsthemmungsbedingung bei Linkslauf: $l_1 \leq \mu\, l_2$

Backenbremse mit unterzogenem Drehpunkt D

Bremskraft $$F = F_N \frac{(l_1 \mp \mu l_2)}{l}$$

Bremsmoment $$M = \frac{F l \mu r}{(l_1 \mp \mu l_2)}$$

(–) bei Rechtslauf, (+) bei Linkslauf

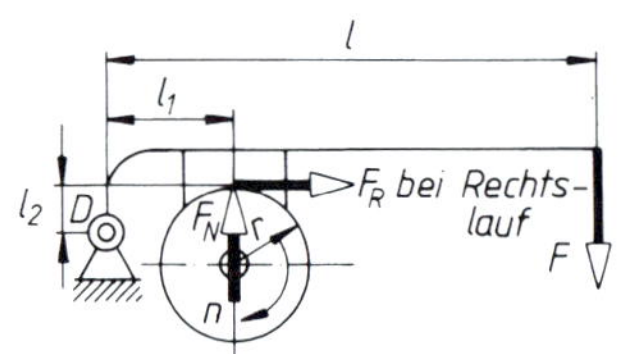

Selbsthemmungsbedingung bei Rechtslauf:
$l_1 \leq \mu\, l_2$

Backenbremse mit tangentialem Drehpunkt D

Bremskraft $$F = F_N \frac{l_1}{l}$$

Bremsmoment $$M = \frac{F l \mu r}{l}$$

gleiche Hebelkraft F für Rechts- und Linkslauf

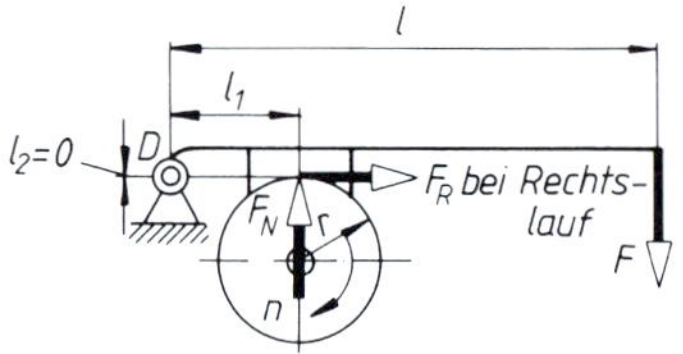

Selbsthemmungsbedingung nicht möglich

Bremszaum

Wellendrehmoment $$M = F_G\, l$$

Wellenleistung $$P = \frac{F_G\, l\, n}{9550}$$ *Zahlenwertgleichung*

P	F_G	l	n
kW	N	m	min^{-1}

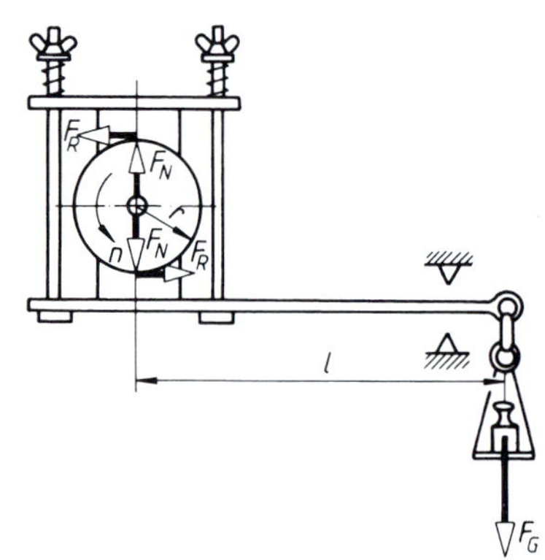

Einfache Bandbremse

Bremsmoment $$M = F_R\, r = F\, r \frac{l}{l_1}\left(e^{\mu\alpha} - 1\right)$$

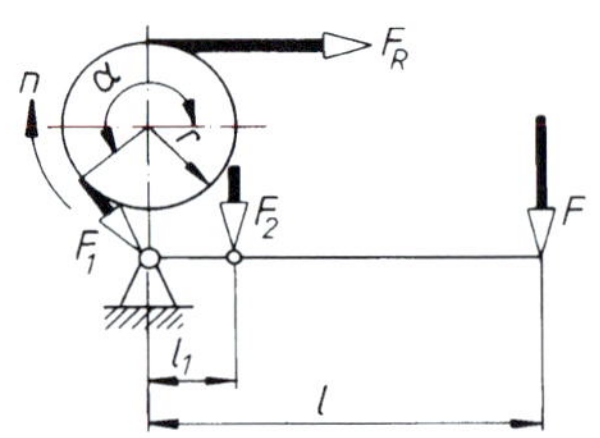

Selbsthemmung nicht möglich

Summenbremse

Bremsmoment $M = F_R\, r = F\, r \dfrac{l}{l_1} \dfrac{e^{\mu\alpha} - 1}{e^{\mu\alpha} + 1}$

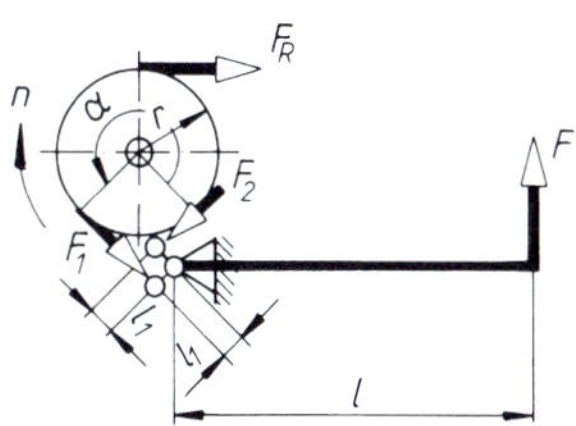

Selbsthemmung nicht möglich

Differenzbremse

Bremsmoment $M = F_R\, r = F\, r\, l \dfrac{e^{\mu\alpha} - 1}{l_2 - l_1\, e^{\mu\alpha}}$

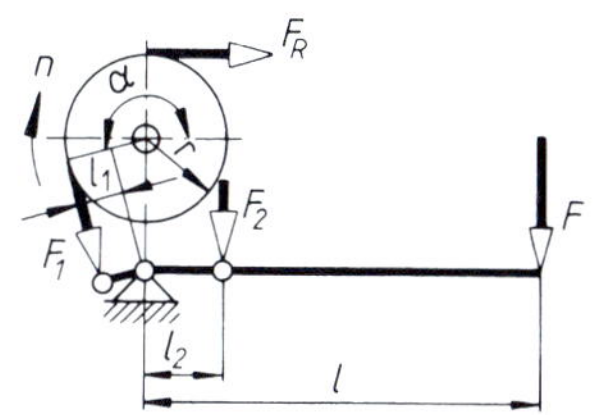

Selbsthemmungsbedingung $l_2 = l_1\, e^{\mu\alpha}$

Bandbremszaum

Wellendrehmoment $M = (F_G - F)\, r$

Wellenleistung $P = \dfrac{(F_G - F)\, r\, n}{9550}$ *Zahlenwertgleichung*

P	F_G, F	r	n
kW	N	m	min^{-1}

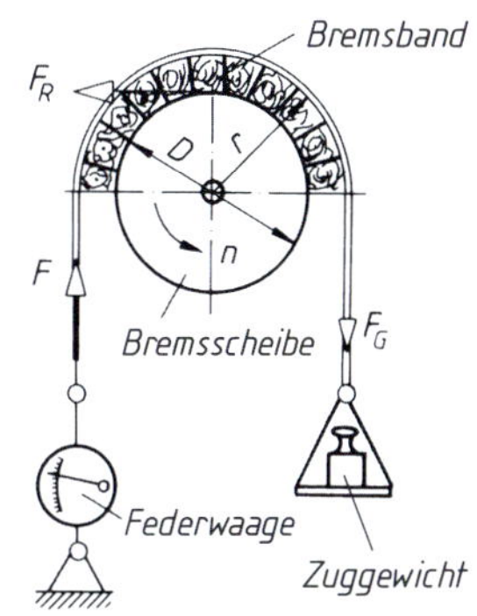

3.10 Rollreibung

Rollkraft $F = F_G \dfrac{f}{r}$

F, F_G	f	r
N	cm	cm

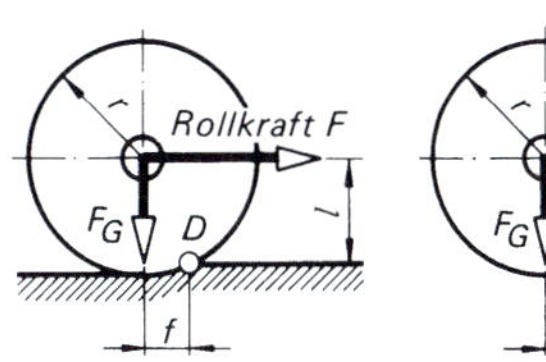

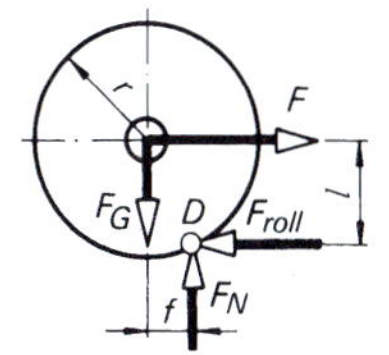

$f \approx 0{,}05$ cm für Gusseisen und Stahl auf Stahl

$f \approx 0{,}0005 \ldots 0{,}001$ cm für Wälzlager

3 Reibung

3.11 Fahrwiderstand

Fahrwiderstand $F_w = F_N \mu_f$

Rollbedingung $\mu_0 \geq \mu_f$

Erfahrungswerte für Fahrwiderstandszahlen μ_f

Schienenfahrzeuge – Bahn	0,0025
Straßenbahn mit Wälzlagern	0,005
Straßenbahn mit Gleitlagern	0,018
Kraftfahrzeug auf Asphalt	0,025
Drahtseilbahn	0,01

3.12 Feste Rolle

Wirkungsgrad der festen Rolle

$$\eta_f = \frac{W_n}{W_a} = \frac{F_G s}{F s} = \frac{F_G}{F}$$

Erfahrungswert: $\eta_f \approx 0{,}95$

s Kraft- und Lastweg
W_n Nutzarbeit
W_a aufgewendete Arbeit

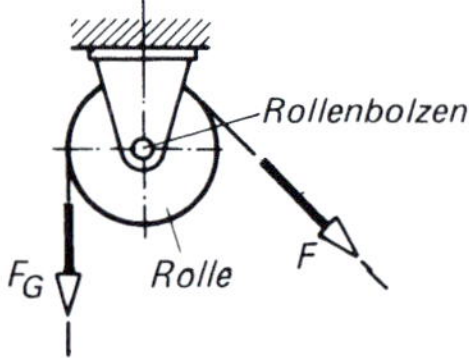

3.13 Lose Rolle

Wirkungsgrad der losen Rolle

$$\eta_f = \frac{F_G}{2F}$$

Zugkraft

$$F = \frac{F_G}{1 + \eta_f}$$

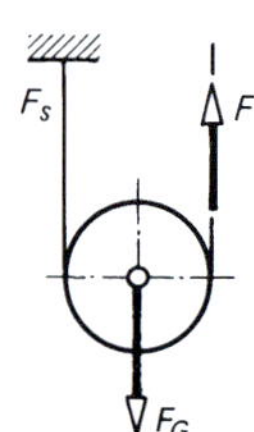

3.14 Rollenzug (Flaschenzug)

Kraftweg $s_1 = n\, s_2$

s_2 Lastweg
n Anzahl der tragenden Seilstränge

Zugkraft

$$F = F_G \frac{1 - \eta}{\eta (1 - \eta^n)}$$

Wirkungsgrad des Rollenzugs

$$\eta_r = \frac{\eta (1 - \eta^n)}{n (1 - \eta)}$$

Werte für den Wirkungsgrad

Werte für den Wirkungsgrad η_r des Rollenzugs in Abhängigkeit von der Anzahl n der tragenden Seilstränge ($\eta = 0{,}96$) für Gleitlagerungen

n	1	2	3	4	5
η_r	0,960	0,941	0,922	0,904	0,886

n	6	7	8	9	10
η_r	0,869	0,852	0,836	0,820	0,804

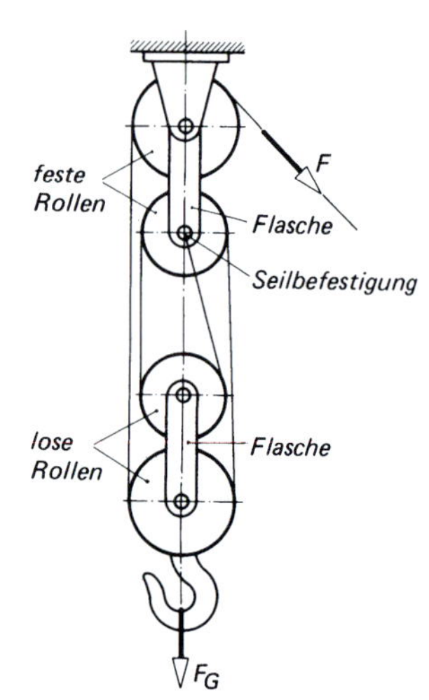

4 Dynamik

4.1 Gleichförmig geradlinige Bewegung

Geschwindigkeit $v = \frac{\Delta s}{\Delta t}$

Wegabschnitt $\Delta s = v\,\Delta t$

v	Δs	Δt
$\frac{\mathrm{m}}{\mathrm{s}}$	m	s

Zeitabschnitt $\Delta t = \frac{\Delta s}{v}$

4.2 Gleichmäßig beschleunigte geradlinige Bewegung

Hinweis: Erfolgt die Bewegung aus der Ruhelage heraus, ist in den Gleichungen die Anfangsgeschwindigkeit $v_0 = 0$ zu setzen. Die Fläche unter der v-Linie ist dann ein Dreieck.

Die Gleichungen gelten mit $a = g = 9{,}81\ \mathrm{m/s^2}$ (Fallbeschleunigung) auch für den freien Fall.

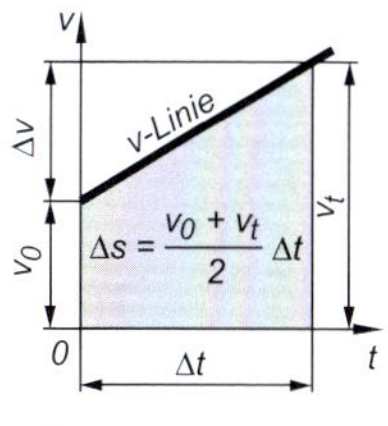

Beschleunigung $a = \frac{v_t - v_0}{\Delta t} = \frac{v_t^2 - v_0^2}{2\,\Delta s}$

Endgeschwindigkeit $v_t = v_0 + \Delta v = v_0 + a\,\Delta t$

$v_t = \sqrt{v_0^2 + 2a\,\Delta s}$

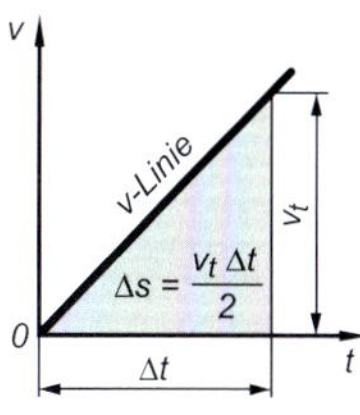

Wegabschnitt $\Delta s = \frac{v_0 + v_t}{2}\Delta t = v_0\,\Delta t + \frac{a\,(\Delta t)^2}{2}$

$\Delta s = \frac{v_t^2 - v_0^2}{2a}$

Zeitabschnitt $\Delta t = \frac{v_t - v_0}{a} = -\frac{v_0}{a} \pm \sqrt{\left(\frac{v_0}{a}\right)^2 + \frac{2\Delta s}{a}}$

4.3 Gleichmäßig verzögerte geradlinige Bewegung

Hinweis: Wird die Bewegung bis zur Ruhelage verzögert, ist in den Gleichungen die Endgeschwindigkeit $v_t = 0$ zu setzen. Die Fläche unter der v-Linie ist dann ein Dreieck.

Die Gleichungen gelten mit $a = g = 9{,}81\ \mathrm{m/s^2}$ (Fallbeschleunigung) auch für den senkrechten Wurf nach oben.

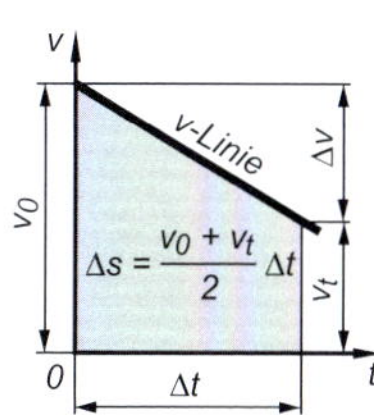

Verzögerung $a = \frac{v_0 - v_t}{\Delta t} = \frac{v_0^2 - v_t^2}{2\,\Delta s}$

Endgeschwindigkeit $v_t = v_0 - \Delta v = v_0 - a\,\Delta t$

$v_t = \sqrt{v_0^2 - 2a\,\Delta s}$

A. Böge, W. Böge, *Formeln und Tabellen zur Technischen Mechanik*, https://doi.org/10.1007/978-3-658-44430-3_4

Wegabschnitt

$$\Delta s = \frac{v_0 + v_t}{2}\Delta t = v_0 \Delta t - \frac{a(\Delta t)^2}{2}$$

$$\Delta s = \frac{v_0{}^2 - v_t{}^2}{2a}$$

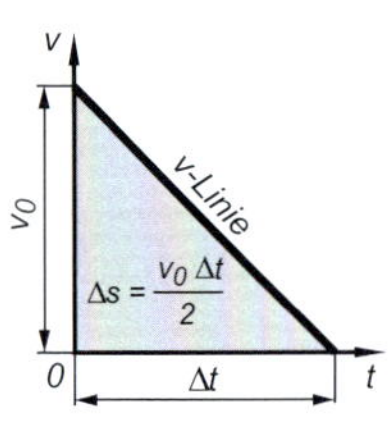

Zeitabschnitt

$$\Delta t = \frac{v_0 - v_t}{a} = \frac{v_0}{a} \pm \sqrt{\left(\frac{v_0}{a}\right)^2 - \frac{2\Delta s}{a}}$$

4.4 Freier Fall mit Luftwiderstand

Luftwiderstand

$$F_w = \frac{c_w \cdot \varrho_L \cdot A_p}{2} v^2$$

F_w	c_w	ϱ_L	A_p	v
N	1	$\frac{kg}{m^3}$	m^2	$\frac{m}{s}$

Dichte $\varrho_L = 1{,}19 \frac{kg}{m^3}$ bei 20 °C und Luftdruck 1013 hPa

A_p Anströmquerschnitt (Projektionsfläche)

v Geschwindigkeit

Luftwiderstandsbeiwerte

$c_w = 0{,}2$	Kugel
$c_w = 0{,}08$	Flugzeug
$c_w = 0{,}3...0{,}4$	PKW
$c_w = 0{,}4$	Fahrrad
$c_w = 0{,}03$	Pinguin
$c_w = 0{,}78$	Mensch (stehend)
$c_w = 0{,}04$	Stromlinienkörper
$c_w = 0{,}6$	Gleitschirm

Stationäre Sinkgeschwindigkeit

$$v_s = \sqrt{\frac{2mg}{c_w \varrho_L A_p}}$$

v_s	m	g	ϱ_L	A_p	c_w
$\frac{m}{s}$	kg	$\frac{m}{s^2}$	$\frac{kg}{m^3}$	m^2	1

Momentangeschwindigkeit

$$v(t) = v_s \tanh \frac{t}{t_s}$$

$v(t)$, v_s	t, t_s
$\frac{m}{s}$	s

Zeitkonstante

$$t_s = \sqrt{\frac{2m}{c_w \varrho_L A_p g}}$$

t_s	m	c_w	ϱ_L	A_p	g
s	kg	1	$\frac{kg}{m^3}$	m^2	$\frac{m}{s^2}$

Momentanstrecke

$$s(t) = v_s t_s \ln \cosh \frac{t}{t_s}$$

$s(t)$	v_s	t, t_s
m	$\frac{m}{s}$	s

Bei der Berechnung der Momentangeschwindigkeit $v(t)$ und der Momentanstrecke $s(t)$ müssen die Luftdichte ϱ_L und die Fallbeschleunigung g während des Bewegungsablaufs konstant bleiben.

Graphen der Momentangeschwindigkeit und der Momentanstrecke für den freien Fall mit Luftwiderstand

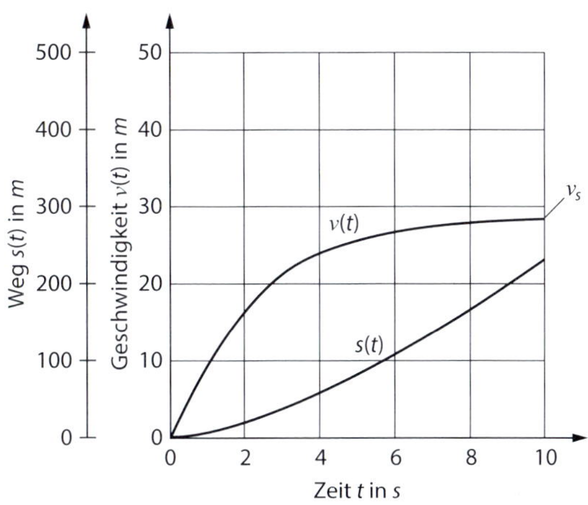

4.5 Gleichförmige Drehbewegung

Grundgleichung der gleichförmigen Drehbewegung

$$\omega = \frac{\Delta\varphi}{\Delta t} = \frac{2\pi z}{\Delta t} = 2\pi n$$

$$v_u = 2\pi r n = \omega r$$

ω	$\Delta\varphi$	z	Δt	n	v_u
$\frac{\text{rad}}{\text{s}} = \frac{1}{\text{s}}$	rad	1	s	$\frac{1}{\text{s}}$	$\frac{\text{m}}{\text{s}}$

$$\omega = \frac{\pi n}{30} \quad \textit{Zahlenwertgleichung}$$

1 rad ≈ 57,3°

1° ≈ 0,0175 rad

ω	n
$\frac{1}{\text{s}}$	$\frac{1}{\text{min}}$

ω Winkelgeschwindigkeit
n Drehzahl bzw. Umdrehungsfrequenz
$\Delta\varphi$ Drehwinkel
v_u Umfangsgeschwindigkeit
r Radius
z Anzahl der Umdrehungen
Δt Zeitabschnitt

4.6 Gleichmäßig beschleunigte Drehbewegung

Hinweis: Erfolgt die Bewegung aus der Ruhelage heraus, ist in den Gleichungen die Anfangswinkelgeschwindigkeit $\omega_0 = 0$ zu setzen. Die Fläche unter der ω-Linie ist dann ein Dreieck.

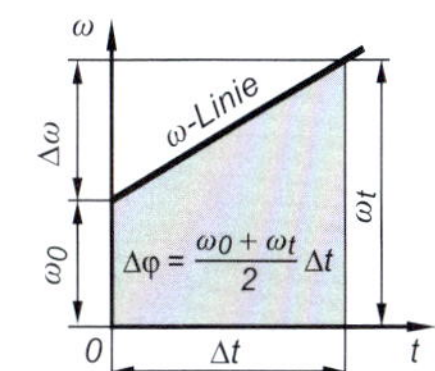

Winkelbeschleunigung

$$\alpha = \frac{\omega_t - \omega_0}{\Delta t} = \frac{\omega_t^2 - \omega_0^2}{2\,\Delta\varphi}$$

Tangentialbeschleunigung

$$a_T = \alpha\, r = \frac{\Delta\omega}{\Delta t} r = \frac{\Delta v_u}{\Delta t}$$

Endwinkelgeschwindigkeit

$$\omega_t = \omega_0 + \Delta\omega = \omega_0 + \alpha\,\Delta t$$

$$\omega_t = \sqrt{\omega_0^2 + 2\alpha\,\Delta\varphi}$$

Drehwinkel $$\Delta\varphi = \frac{\omega_0 + \omega_t}{2}\Delta t = \omega_0 \Delta t + \frac{\alpha(\Delta t)^2}{2} = \frac{\omega_t^2 - \omega_0^2}{2\alpha}$$

Zeitabschnitt $$\Delta t = \frac{\omega_t - \omega_0}{\alpha} = -\frac{\omega_0}{\alpha} \pm \sqrt{\left(\frac{\omega_0}{\alpha}\right)^2 + \frac{2\Delta\varphi}{\alpha}}$$

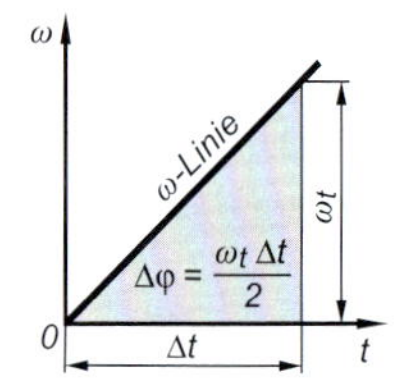

4.7 Gleichmäßig verzögerte Drehbewegung

Hinweis: Wird die Bewegung bis zur Ruhelage verzögert, ist in den Gleichungen die Endwinkelgeschwindigkeit $\omega_t = 0$ zu setzen. Die Fläche unter der ω-Linie ist dann ein Dreieck.

Winkelbeschleunigung $$\alpha = \frac{\omega_0 - \omega_t}{\Delta t} = \frac{\omega_0^2 - \omega_t^2}{2\Delta\varphi}$$

Tangentialbeschleunigung $$a_T = \alpha r = \frac{\Delta\omega}{\Delta t} r = \frac{\Delta v_u}{\Delta t}$$

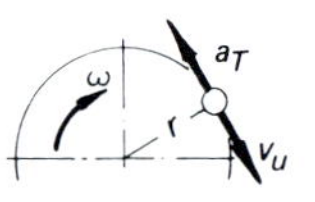

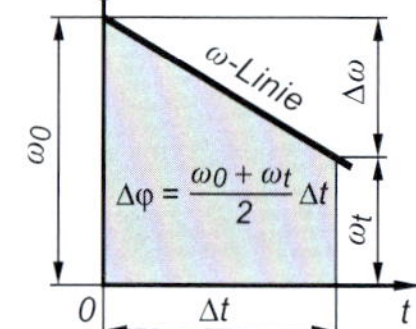

Endwinkelgeschwindigkeit $$\omega_t = \omega_0 - \Delta\omega = \omega_0 - \alpha\,\Delta t$$

$$\omega_t = \sqrt{\omega_0^2 - 2\alpha\,\Delta\varphi}$$

Drehwinkel $$\Delta\varphi = \frac{\omega_0 + \omega_t}{2}\Delta t = \omega_0 \Delta t - \frac{\alpha(\Delta t)^2}{2} = \frac{\omega_0^2 - \omega_t^2}{2\alpha}$$

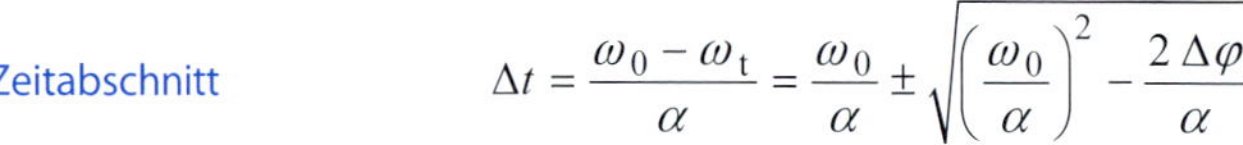

Zeitabschnitt $$\Delta t = \frac{\omega_0 - \omega_t}{\alpha} = \frac{\omega_0}{\alpha} \pm \sqrt{\left(\frac{\omega_0}{\alpha}\right)^2 - \frac{2\Delta\varphi}{\alpha}}$$

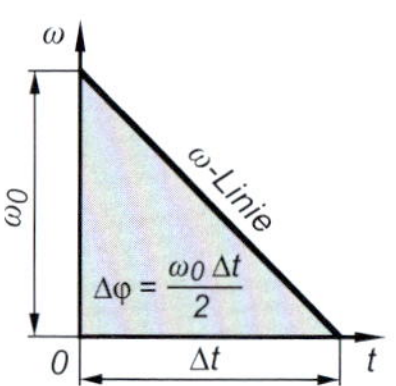

4.8 Waagerechter Wurf (ohne Luftwiderstand)

Gleichung der Wurfbahn $$h = \frac{g}{2v_0^2}s_x^2 = k\,s_x^2$$

Wurfweite $$s_x = v_0\sqrt{\frac{2h}{g}}$$

Fallhöhe $$h = \frac{g}{2\,v_0^2}s_x^2$$

Geschwindigkeit nach der Wurfzeit t $$v_r = \sqrt{v_0^2 + (g\,t)^2}$$

Richtungswinkel α $$\alpha = \arctan\frac{g\,t}{v_0}$$

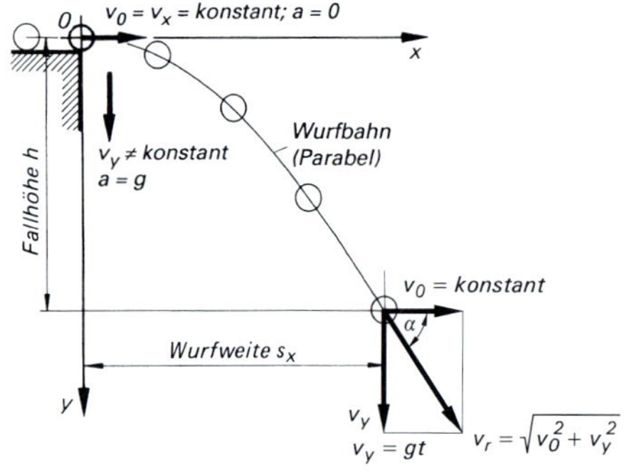

h Fallhöhe
g Fallbeschleunigung
s_x Wurfweite
$k = g/2\,v_0^2$ Konstante

v_0 horizontale Geschwindigkeit
v_r Geschwindigkeit nach der Wurfzeit t
α Richtungswinkel der Geschwindigkeit v

4.9 Schräger Wurf

Gleichung der Wurfbahn
$$h = s_x \tan\alpha_0 - \frac{g}{2v_0^2\cos^2\alpha_0}s_x^2 = k_1 s_x - k_2 s_x^2 \mid k_1 = \tan\alpha_0 \mid k_2 = \frac{g}{2v_0^2\cos^2\alpha_0}$$

größte Wurfweite
$$s_{max} = \frac{v_0^2 \sin 2\alpha_0}{g}$$

Wurfzeit
$$T = \frac{2v_0 \sin\alpha_0}{g}$$

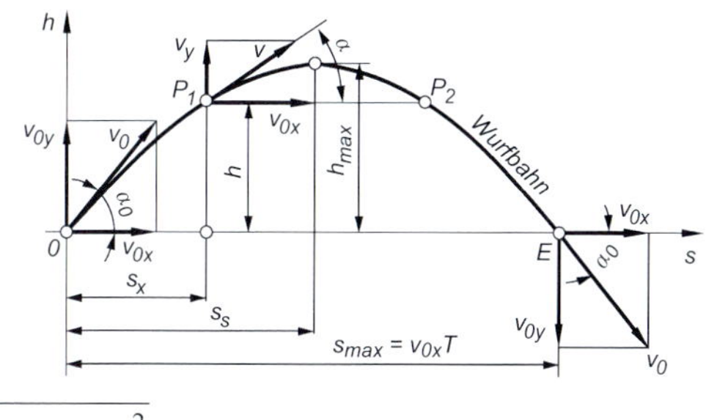

Wurfhöhe
$$h = v_0 \sin\alpha_0\, t_x - \frac{g}{2}t_x^2$$

Scheitelhöhe
$$h_{max} = \frac{v_0^2 \sin^2\alpha_0}{2g}$$

Steigzeit
$$\Delta t_s = \frac{v_0 \sin\alpha_0}{g}$$

Momentangeschwindigkeit
$$v = \sqrt{(v_0\cos\alpha_0)^2 + (v_0\sin\alpha_0 - g\,t_x)^2}$$

Zeitabschnitt
$$t_{x\,1,2} = \frac{v_0\sin\alpha_0}{g} \pm \sqrt{\left(\frac{v_0\sin\alpha_0}{g}\right)^2 - \frac{2h}{g}}$$

4.10 Umfangs- und Winkelgeschwindigkeit

Umfangsgeschwindigkeit

$$v_u = 2\pi r n$$

v_u	r	n
$\frac{m}{min}$	m	min^{-1}

Zahlenwertformel für die Schnittgeschwindigkeit

an Dreh-, Fräsmaschinen usw.:

$$v = \frac{\pi d n}{1000}$$

v	d	n
$\frac{m}{min}$	mm	min^{-1}

an Schleifscheiben:

$$v = \frac{\pi d n}{6000}$$

v	d	n
$\frac{m}{s}$	mm	min^{-1}

ω Winkelgeschwindigkeit
$\Delta\varphi$ Drehwinkel
z Anzahl der Umdrehungen
Δt Zeitabschnitt
n Drehzahl

Mittelpunktsgeschwindigkeit

$v_M = v_u$
bei schlupffrei rollendem Rad

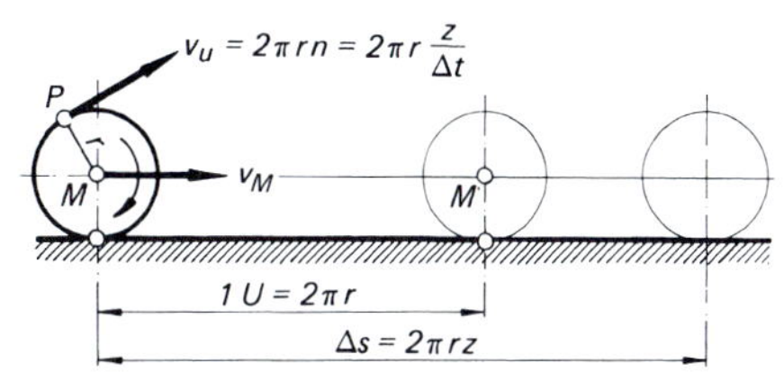

Winkelgeschwindigkeit

$$\omega = \frac{\Delta\varphi}{\Delta t} = \frac{2\pi z}{\Delta t}$$

$$\omega = 2\pi n$$

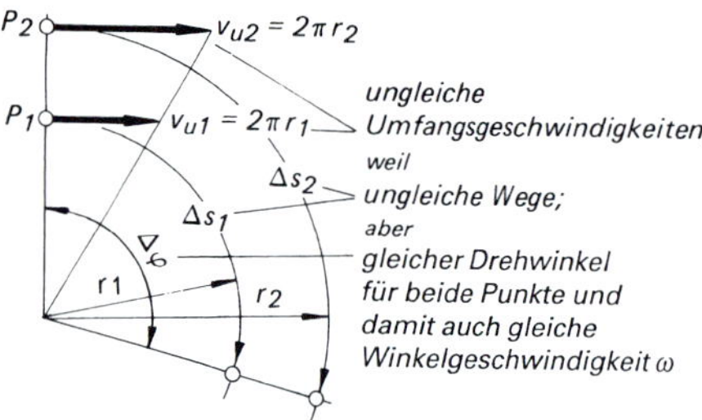

v_u	$\Delta\varphi$	z	Δt	n
$\frac{\text{rad}}{\text{s}} = \frac{1}{\text{s}} = \text{s}^{-1}$	rad	1	s	s^{-1}

Zahlenwertformel für die Winkelgeschwindigkeit

$$\omega = \frac{\pi n}{30}$$

ω	n
s^{-1}	min^{-1}

Umfangs- und Winkelgeschwindigkeit

$$v_u = \omega r$$

v_u	ω	r
$\frac{\text{m}}{\text{s}}$	s^{-1}	m

4.11 Übersetzung (Übersetzungsverhältnis)

Riemengetriebe

$$i = \frac{n_1}{n_2} = \frac{\omega_1}{\omega_2} = \frac{d_2}{d_1}$$

i	n_1, n_2	ω_1, ω_2	d_1, d_2
1	min^{-1}	s^{-1}	mm

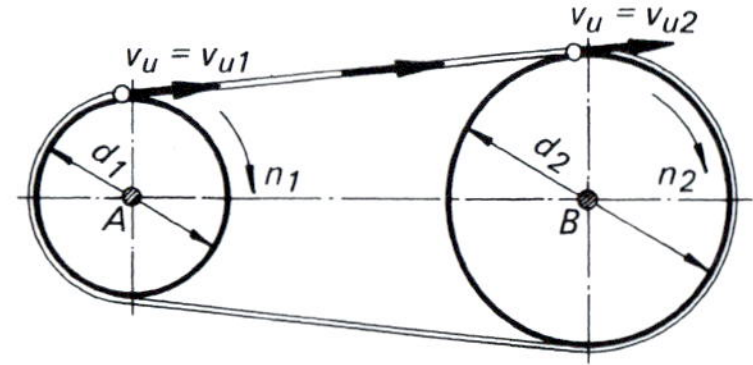

Zahnradgetriebe

$$i = \frac{n_1}{n_2} = \frac{\omega_1}{\omega_2} = \frac{d_2}{d_1} = \frac{z_2}{z_1}$$

i	n_1, n_2	ω_1, ω_2	d_1, d_2	z_1, z_2
1	min^{-1}	s^{-1}	mm	1

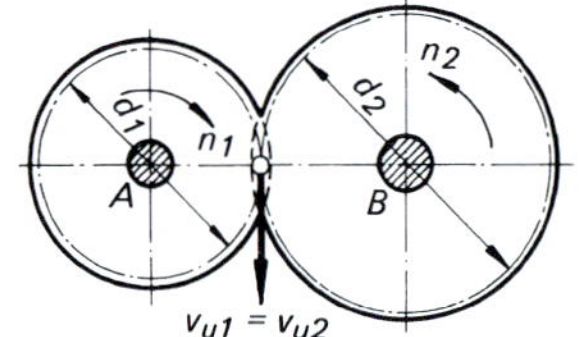

i Übersetzungsverhältnis
n_1, n_2 Drehzahlen der Zahnräder
ω_1, ω_2 Winkelgeschwindigkeiten der Zahnräder
d_1, d_2 Teilkreisdurchmesser der Zahnräder
z_1, z_2 Zähnezahlen

Übersetzung allgemein

$$i = \frac{n_{an}}{n_{ab}}$$

n_{an} Antriebsdrehzahl
n_{ab} Abtriebsdrehzahl

Mehrfachübersetzung $i_{\text{ges}} = \dfrac{n_{\text{an}}}{n_{\text{ab}}} = i_1 \cdot i_2 \cdot i_3 \cdot \ldots\ldots \cdot i_n$

$i > 1 \rightarrow$ Übersetzung ins „Langsame“
$i < 1 \rightarrow$ Übersetzung ins „Schnelle“

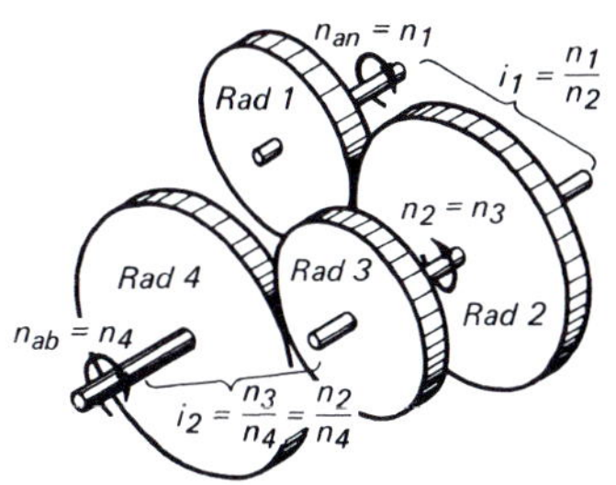

4.12 Kreuzschubkurbelgetriebe (Kreuzschleife)

Drehwinkel φ im Zeitabschnitt Δt $\varphi = \omega \, \Delta t$

Schieberweg s (Auslenkung) $s = r\,(1 - \cos \varphi)$

Geschwindigkeit v (Hin- und Rückweg) $v = v_u \sin \varphi = r\,\omega \sin \varphi$

$v_{\max} = v_u = r\,\omega$

φ	ω	Δt	s, r	$v, v_u, v_{\max}$	$a, a_{\max}$	n
rad	$\frac{1}{s}$	s	m	$\frac{m}{s}$	$\frac{m}{s^2}$	min^{-1}

in Mittelstellung $a = \dfrac{v_u^{\,2}}{r} \cos \varphi = r\,\omega^2 \cos \varphi$ $\qquad \omega = \dfrac{\pi n}{30}$

$v_u = r\,\omega$

Beschleunigung a (Hin- und Rückweg) $a_{\max} = \dfrac{v_u^{\,2}}{r} = r\,\omega^2$

4.13 Schubkurbelgetriebe

Drehwinkel φ im Zeitabschnitt Δt $\varphi = \omega \, \Delta t$

Schubstangenverhältnis λ $\lambda = \dfrac{r}{l}$

r Kurbelradius
l Schubstangenlänge

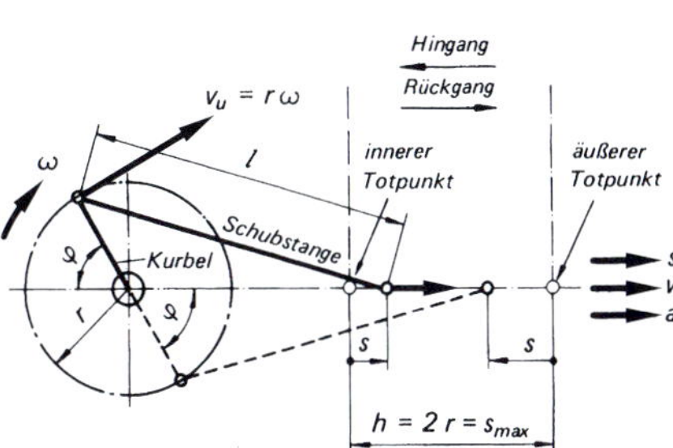

Kolbenweg s $s = r\,(1 - \cos \varphi \pm 0{,}5 \cdot \lambda \sin^2 \varphi)$

(+) für Hingang, (–) für Rückgang

Kolbengeschwindigkeit v $v = r\,\omega\,(\sin \varphi \pm 0{,}5 \cdot \lambda \sin 2\varphi)$ $\qquad \omega = \dfrac{\pi n}{30}$

$v_{\max} = r\,\omega\,(1 + 0{,}5 \cdot \lambda^2)$ $\qquad v_u = r\,\omega$

Beschleunigung *a*

$$a = r\omega^2 (\cos\varphi \pm \lambda \cos 2\varphi)$$

$$a_{max} = r\omega^2 (1 + \lambda)$$

φ	ω	Δt	s, r	v, v_u, v_{max}	a, a_{max}	n
rad	$\frac{1}{s}$	s	m	$\frac{m}{s}$	$\frac{m}{s^2}$	min^{-1}

4.14 Dynamisches Grundgesetz für Translation

Dynamisches Grundgesetz

$$F_{res} = m a$$

F_{res}	m	a
$N = \frac{kgm}{s^2}$	kg	$\frac{m}{s^2}$

F_{res} resultierende Kraft
m Masse
a Beschleunigung

Dynamisches Grundgesetz für Gewichtskräfte

$$F_G = m g$$

$$F_{G_n} = m\, g_n$$

F_G Gewichtskraft
m Masse
g Fallbeschleunigung
F_{G_n} Normgewichtskraft
g_n Normfallbeschleunigung = $9{,}80665\ m/s^2$

4.15 Dichte

Dichte

$$\varrho = \frac{m}{V}$$

ϱ Dichte
m Masse
V Volumen

ϱ	m	V
$\frac{kg}{m^3}$	kg	m^3

Dichte ausgewählter Stoffe in $10^3\ kg/m^3$

Aluminium	2,7
Beton	1,8 … 2,2
Gusseisen	7,25
Kupfer	8,96
Magnesium	1,8
Mangan	7,42
Molybdän	10,22
Stahl	7,85

4.16 Gewichtskraft

Gewichtskraft

$$F_G = mg = V \varrho g = A l \varrho g$$

ϱ	m	V	A	l	g	F_G
$\frac{kg}{m^3}$	kg	m^3	m^2	m	$\frac{m}{s^2}$	$N = \frac{kgm}{s^2}$

4.17 Impuls

Impuls

$$F_{res} \underbrace{(t_2 - t_1)}_{\Delta t} = m \underbrace{(v_2 - v_1)}_{\Delta v}$$

Kraftstoß = Impulsveränderung

$$m\, v_2 = m\, v_1 = \text{konstant}$$

Impulserhaltungssatz

4.18 Mechanische Arbeit und Leistung bei Translation

Mechanische Arbeit $W = F\,s$

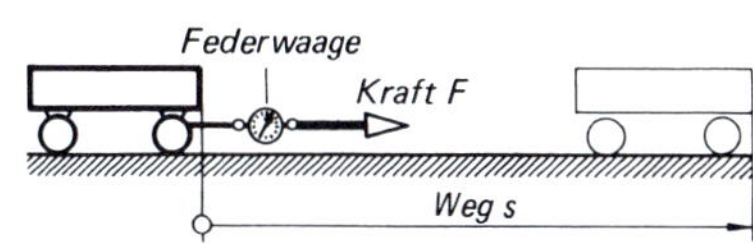

Hubarbeit $W_h = F_G\,h = m\,g\,h$

Reibungsarbeit $W_R = F_R\,s_R$

$W_R = F_N\,\mu\,s_R$

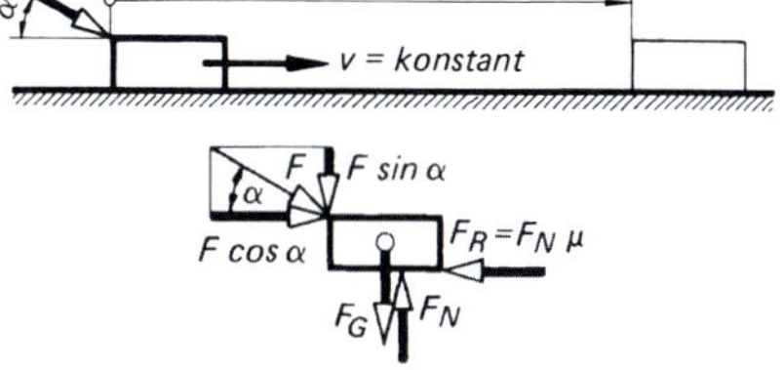

F Verschiebekraft
F_N Normalkraft
F_G Gewichtskraft
μ Reibungszahl

W	P	F, F_G	s, h	m	g	R	t
J	W	N	m	kg	$\frac{\text{m}}{\text{s}^2}$	$\frac{\text{N}}{\text{m}}$	s

$$1\ \text{Joule (J)} = 1\ \text{Nm} = 1\ \frac{\text{kg m}^2}{\text{s}^2} = 1\ \text{kg m}^2\,\text{s}^{-2}$$

$$1\ \text{Watt (W)} = 1\ \frac{\text{J}}{\text{s}} = 1\ \frac{\text{Nm}}{\text{s}} = 1\ \text{kg m}^2\ \text{s}^{-3}$$

Federrate $R = \frac{\Delta F}{\Delta s} = \frac{F_1}{s_1} = \frac{F_2}{s_2} = ...$

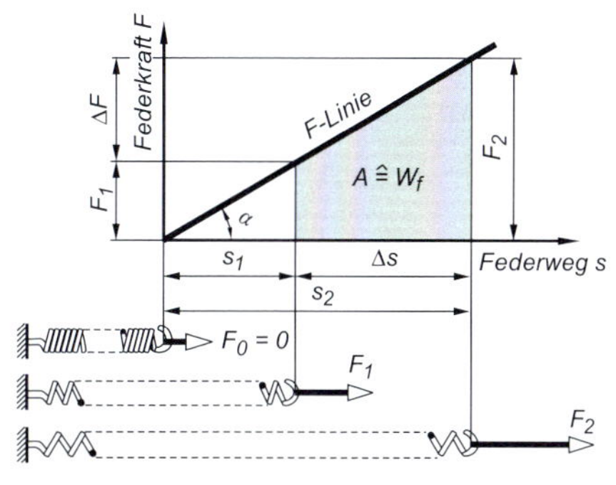

Federarbeit

$$W_f = \frac{F_1 + F_2}{2}\Delta s$$

$$W_f = \frac{R\,s_1 + R\,s_2}{2}(s_2 - s_1)$$

$$W_f = \frac{R}{2}\left(s_2^2 - s_1^2\right)$$

Momentanleistung $P = F\,v$

Mittlere Leistung während der Zeit t $P = \frac{W}{t} = \frac{F\,s}{t}$

4.19 Wirkungsgrad

Wirkungsgrad $\eta = \frac{W_n}{W_a} = \frac{P_n}{P_a} = \frac{P_2}{P_1} < 1$

η	W	P
1	J	W

η Wirkungsgrad
W_n Nutzarbeit
W_a aufgewendete Arbeit
P_n Nutzleistung
P_a Antriebsleistung
Index 1 aufgewendete Arbeit
Index 2 Nutzarbeit/Nutzleistung

Gesamtwirkungsgrad

$$\eta_{ges} = \eta_1 \cdot \eta_2 \cdot \eta_3 \cdot \ldots \cdot \eta_n = \frac{P_n}{P_a} = \frac{P_2}{P_1} < 1$$

Beispiele für Wirkungsgrade:

Gleitlager	$\eta = 0{,}98$	(98%)
Verzahnung	$\eta = 0{,}96$	(96%)
E-Motor	$\eta = 0{,}90$	(90%)
Ottomotor	$\eta = 0{,}36$	(36%)

4.20 Dynamisches Grundgesetz für Rotation

resultierendes Drehmoment

$$M_{res} = J\alpha$$

M_{res} resultierendes Drehmoment
J Trägheitsmoment
α Winkelbeschleunigung

Drehimpulsänderung / Momentenstoß

$$M_{res}\,\Delta t = J\,\Delta\omega$$

$$M_{res}(t_2 - t_1) = J(\omega_2 - \omega_1)$$

$M_{res}\,\Delta t$ Momentenstoß des resultierenden Drehmoments

$J\,\Delta\omega$ Drehimpuls (Drall) des Körpers

M_{res}	J	α	ω	t
$\text{Nm} = \frac{\text{kgm}^2}{\text{s}^2}$	kgm^2	$\frac{\text{rad}}{\text{s}^2}$	$\frac{\text{rad}}{\text{s}}$	s

Verschiebesatz von Steiner

$$J_0 = J_s + m l^2$$

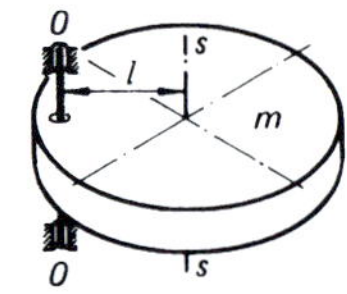

reduzierte Masse (Ersatzmasse)

$$m_{red} = \frac{J_s}{r^2}$$

M_{res}	J, J_0, J_s	m, m_{red}	i, l, r	ω
$\text{Nm} = \frac{\text{kgm}^2}{\text{s}^2}$	kgm^2	kg	m	$\frac{\text{rad}}{\text{s}}$

Trägheitsradius

$$i = \sqrt{\frac{J_s}{m}}$$

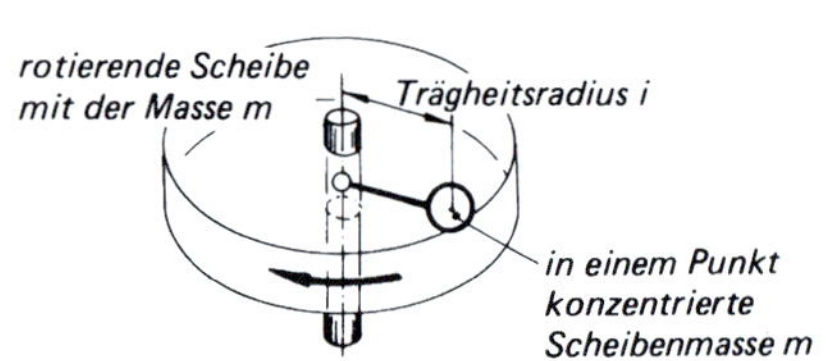

Impulserhaltungssatz

$$J\omega_2 = J\omega_1 = \text{konstant}$$

Energieerhaltungssatz

$$E_{rot\,E} = E_{rot\,A} + W_{zu} - W_{ab}$$

4.21 Gleichungen für Trägheitsmomente (Massenmomente 2. Grades)

Trägheitsmoment J (J_x um die x-Achse, J_z um die z-Achse; J_0 um die 0-Achse)

Rechteck, Quader

$$J_x = \frac{1}{12} m (b^2 + h^2) = \frac{1}{12} \varrho h b s\,(b^2 + h^2)$$

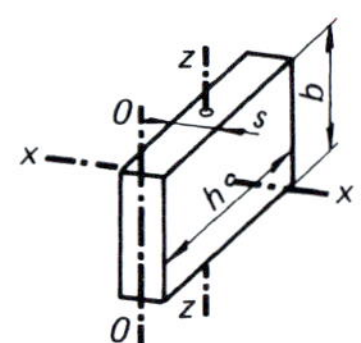

bei geringer Plattendicke s ist

$$J_z = \frac{1}{12} m h^2 = \frac{1}{12} \varrho b h^3 s; \quad J_0 = \frac{1}{3} m h^2 = \frac{1}{3} \varrho b h^3 s$$

Würfel mit Seitenlänge a: $J_x = J_z = m\dfrac{a^2}{6}$

Kreiszylinder

$$J_x = \frac{1}{2} m r^2 = \frac{1}{8} m d^2 = \frac{1}{32} \varrho \pi d^4 h = \frac{1}{2} \varrho \pi r^4 h$$

$$J_z = \frac{1}{16} m \left(d^2 + \frac{4}{3} h^2 \right) = \frac{1}{64} \varrho \pi d^2 h \left(d^2 + \frac{4}{3} h^2 \right)$$

Hohlzylinder

$$J_x = \frac{1}{2} m (R^2 + r^2) = \frac{1}{8} m (D^2 + d^2) = \frac{1}{32} \varrho \pi h (D^4 - d^4)$$

$$J_x = \frac{1}{2} \varrho \pi h (R^4 - r^4)$$

$$J_z = \frac{1}{4} m \left(R^2 + r^2 + \frac{1}{3} h^2 \right) = \frac{1}{16} m \left(D^2 + d^2 + \frac{4}{3} h^2 \right)$$

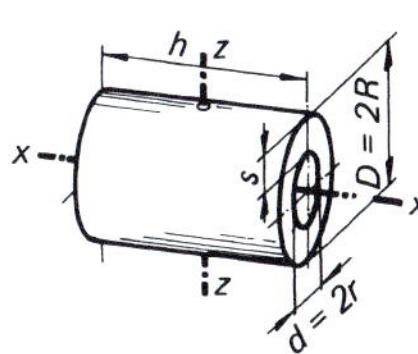

Kreiskegel

$$J_x = \frac{3}{10} m r^2$$

Kreiskegelstumpf: $J_x = \frac{3}{10} m \frac{R^5 - r^5}{R^3 - r^3}$

Zylindermantel

$$J_x = \frac{1}{4} m d_m^2 = \frac{1}{4} \varrho \pi d_m^3 h s$$

$$J_x = \frac{1}{8} m \left(d_m^2 + \frac{2}{3} h^2 \right) = \frac{1}{8} \varrho \pi d_m h s \left(d_m^2 + \frac{2}{3} h^2 \right)$$

Hohlzylinder mit Wanddicke $s = (D - d)/2$ sehr klein im Verhältnis zum mittleren Durchmesser $d_m = (D + d)/2$

Kugel

$$J_x = \frac{2}{5} m r^2 = \frac{1}{10} m d^2 = \frac{1}{60} \varrho \pi d^5 = \frac{8}{15} \varrho \pi r^5$$

Hohlkugel (Kugelschale)

$$J_x = J_z = \frac{1}{6} m d_m^2 = \frac{1}{6} \varrho \pi d_m^4 s$$

Wanddicke $s = (D - d)/2$ sehr klein im Verhältnis zum mittleren Durchmesser $d_m = (D + d)/2$

Ring

$$J_z = m \left(R^2 + \frac{3}{4} r^2 \right) = \frac{1}{4} m \left(D^2 + \frac{3}{4} d^2 \right)$$

$$J_z = \frac{1}{16} \varrho \pi^2 D d^2 \left(D^2 + \frac{3}{4} d^2 \right) = \frac{1}{4} m D^2 \left[1 + \frac{3}{4} \left(\frac{d}{D} \right)^2 \right]$$

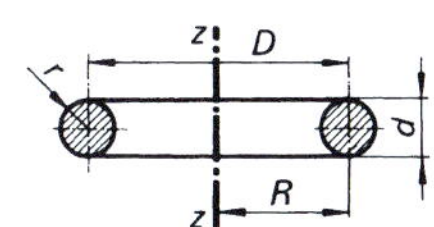

4.22 Mechanische Arbeit, Leistung und Wirkungsgrad bei Rotation

Rotationsarbeit

$$W_{rot} = F_T s = M \varphi$$

Rotationsleistung

$$P_{rot} = F_T v_u$$

$$P_{rot} = M \omega = M 2 \pi n$$

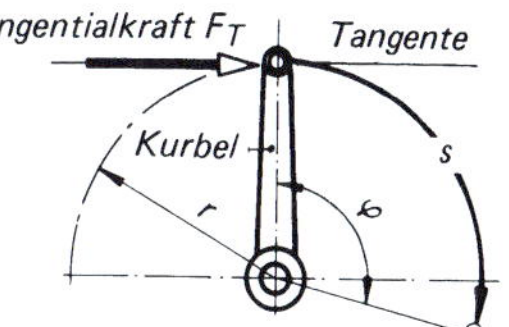

W_{rot}	P_{rot}	F_T	M	s, r	φ	v_u	ω	n	i
J = Nm	$W = \frac{Nm}{s}$	N	Nm	m	rad	$\frac{m}{s}$	$\frac{rad}{s}$	$\frac{1}{s} = s^{-1}$	1

Zahlenwertgleichungen

$$P_{rot} = \frac{M\,n}{9550}$$

$$M = 9550\frac{P_{rot}}{n}$$

M	P_{rot}	n
Nm	kW	min^{-1}

Wirkungsgrad

$$\eta = \frac{M_n}{M_a \cdot i}$$

M_n Abtriebsmoment
M_a Antriebsmoment

4.23 Energie bei Translation

potenzielle Energie E_{pot} = Hubarbeit W_h

potenzielle Energie (Höhenenergie)

$$E_{pot} = F_G\,h = m\,g\,h$$

Änderung der potenziellen Energie

$$W_h = m\,g\,(h_2 - h_1) = \Delta E_{pot}$$

E_{pot}, W_h	F_G	m	g	h
J = Nm	N	kg	$\frac{\text{m}}{\text{s}^2}$	m

Spannungsenergie E_s = Federarbeit W_f

Spannungsenergie

$$E_s = \frac{F\,s}{2} = \frac{R}{2}s^2$$

Änderung der Spannungsenergie

$$W_f = \frac{F_1 + F_2}{2}\Delta s = \frac{R}{2}(s_2{}^2 - s_1{}^2) = \Delta E_s$$

W_f, E_s	F	s	R
J = Nm	N	m	$\frac{\text{N}}{\text{m}}$

kinetische Energie E_{kin} = Beschleunigungsarbeit W_a

kinetische Energie (Bewegungsenergie)

$$E_{kin} = \frac{m}{2}v^2$$

Änderung der kinetischen Energie (Beschleunigungsarbeit)

$$W_a = \frac{m}{2}(v_2{}^2 - v_1{}^2) = \Delta E_{kin}$$

E_{kin}, W_a	m	v
J = Nm	kg	$\frac{\text{m}}{\text{s}}$

Energieerhaltungssatz bei Translation

$$E_E = E_A + W_{zu} - W_{ab}$$

E_A Energie am Anfang
E_E Energie am Ende
W_{zu} zugeführte Arbeit
W_{ab} abgeführte Arbeit

4.24 Gerader zentrischer Stoß

Elastischer Stoß

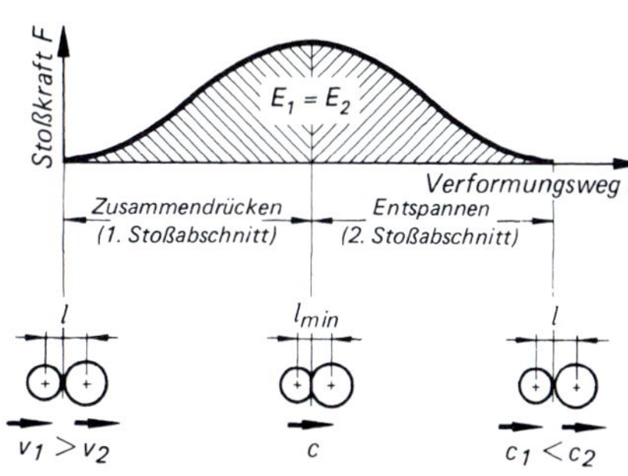

m_1, m_2 Massen beider Körper
v_1, v_2 Geschwindigkeiten vor dem Stoß
c_1, c_2 Geschwindigkeiten nach dem Stoß

Geschwindigkeit beider Körper am Ende des ersten Stoßabschnitts

$$c = \frac{m_1 v_1 + m_2 v_2}{m_1 + m_2}$$

Geschwindigkeiten beider Körper nach dem Stoß

$$c_1 = \frac{(m_1 - m_2)\, v_1 + 2 m_2 v_2}{m_1 + m_2}$$

$$c_2 = \frac{(m_2 - m_1)\, v_2 + 2 m_1 v_1}{m_1 + m_2}$$

Geschwindigkeiten beider Körper mit gleichen Massen

$$c_1 = v_2 \quad c_2 = v_1$$

Geschwindigkeit eines Körpers, der an eine starre Wand prallt

$m_2 = \infty, v_2 = 0$ m_1 wird vernachlässigt

$$c_1 = -v_1$$

Geschwindigkeit eines Körpers mit sehr großer Masse m_1 gegen einen Körper kleiner Masse m_2

$m_1 \gg m_2$ $v_2 = 0$ m_2 wird vernachlässigt

$$c_2 = 2 v_1$$

Unelastischer Stoß

m_1, m_2 Massen beider Körper
v_1, v_2 Geschwindigkeiten vor dem Stoß
c gemeinsame Geschwindigkeit nach dem Stoß
η Wirkungsgrad beim Schmieden/Rammen

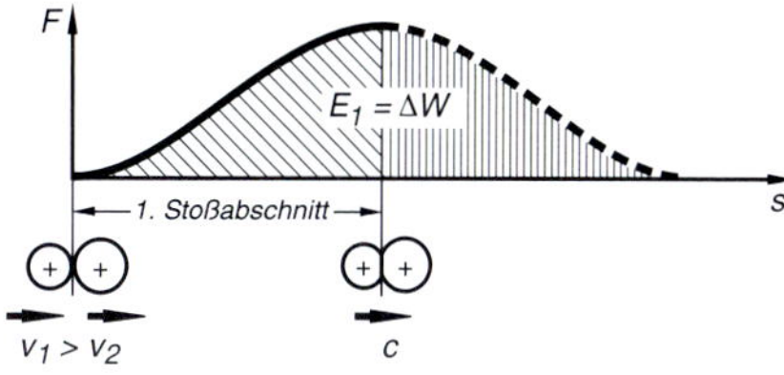

Energieabnahme beim unelastischen Stoß

$$\Delta W = \frac{1}{2} \frac{m_1 m_2 (v_1 - v_2)^2}{m_1 + m_2}$$

Wirkungsgrad beim Schmieden

$$\eta = \frac{m_2}{m_1 + m_2} = \frac{1}{1 + \frac{m_1}{m_2}}$$

Wirkungsgrad beim Rammen

$$\eta = \frac{1}{1 + \frac{m_2}{m_1}}$$

4 Dynamik

Wirklicher Stoß

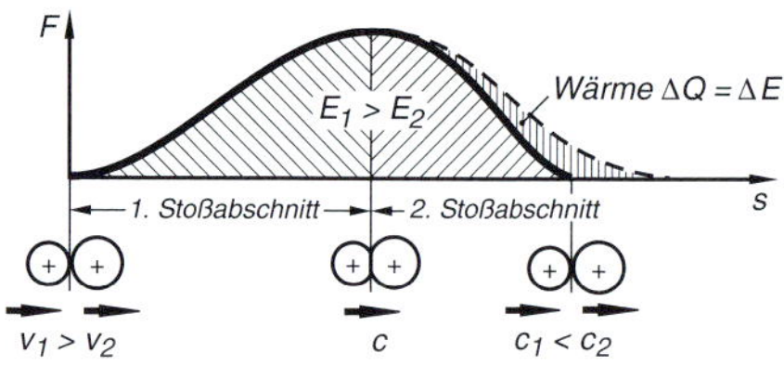

m_1, m_2 Massen beider Körper
v_1, v_2 Geschwindigkeiten vor dem Stoß
c_1, c_2 Geschwindigkeiten nach dem Stoß

Energieverlust beim wirklichen Stoß

$$\Delta W = \frac{1}{2} \frac{m_1 m_2 (v_1 - v_2)^2 (1 - k^2)}{m_1 + m_2}$$

Stoßzahl

$$k = \frac{c_2 - c_1}{v_1 - v_2}$$

$k = 1$	elastischer Stoß
$k = 0$	unelastischer Stoß
$k = 0{,}35$	Stahl bei 1100 °C
$k = 0{,}7$	Stahl bei 20 °C

Geschwindigkeiten nach dem wirklichen Stoß

$$c_1 = \frac{m_1 v_1 + m_2 v_2 - m_2 (v_1 - v_2) k}{m_1 + m_2} \qquad c_2 = \frac{m_1 v_1 + m_2 v_2 + m_1 (v_1 - v_2) k}{m_1 + m_2}$$

4.25 Energie bei Rotation

Rotationsenergie E_{rot} = Beschleunigungsarbeit W_α

Rotationsenergie

$$E_{rot} = \frac{J}{2} \omega^2$$

Änderung der Rotationsenergie

$$W_\alpha = \frac{J}{2}(\omega_2^2 - \omega_1^2) = \Delta E_{rot}$$

Energieerhaltungssatz für Rotation

$$E_{rot\,E} = E_{rot\,A} + W_{zu} - W_{ab}$$

E_{rot}, W_α	J	ω
$\frac{kgm^2}{s^2} = Nm = J$	kgm^2	$\frac{rad}{s} = s^{-1}$

$E_{rot\,A}$ Rotationsenergie am Anfang
$E_{rot\,E}$ Rotationsenergie am Ende
W_{zu} zugeführte Arbeit
W_{ab} abgeführte Arbeit

4.26 Zentripetalbeschleunigung und Zentripetalkraft

Zentripetalbeschleunigung

$$a_z = \frac{v_u^2}{r_s} = r_s \omega^2$$

Zentripetalkraft

$$F_z = m a_z = m r_s \omega^2 = m \frac{v_u^2}{r_s}$$

Hinweis: Der Radius r_s ist der Abstand des Körperschwerpunkts von der Drehachse.

F_z	m	a_z	r_s	ω	v_u
$N = \frac{kgm}{s^2}$	kg	$\frac{m}{s^2}$	m	$\frac{rad}{s}$	$\frac{m}{s}$

4.27 Gegenüberstellung der translatorischen und rotatorischen Größen (Analogieschluss)

Geradlinige (translatorische) Bewegung | **Drehende (rotatorische) Bewegung**

Größe	Definitionsgleichung	Einheit	Größe	Definitionsgleichung	Einheit
Zeit t	Basisgröße	s	Zeit t	Basisgröße	s
Verschiebeweg s	Basisgröße	m	Drehwinkel φ	$\varphi = \frac{b}{r}$ b ist der Bogen des Winkels φ, siehe 7.21	rad
Masse m	Basisgröße	kg	Trägheitsmoment J	$J = \Sigma\, \Delta m\, r^2$	kgm^2
Geschwindigkeit v (v = konstant)	$v = \frac{\Delta s}{\Delta t}$	$\frac{\text{m}}{\text{s}}$	Winkelgeschwindigkeit ω	$\omega = \frac{\Delta \varphi}{\Delta t}$	$\frac{\text{rad}}{\text{s}}$
Arbeit W	$W = F\, s$	J	Dreharbeit W_{rot}	$W_{rot} = M\, \varphi = F_T\, r\, \varphi$	J
Leistung P	$P = \frac{W}{t} = F\, v$	W	Drehleistung P_{rot}	$P_{rot} = \frac{W_{rot}}{t} = M\, \omega$	W
Beschleunigung a	$a = \frac{\Delta v}{\Delta t}$	$\frac{\text{m}}{\text{s}^2}$	Winkelbeschleunigung α	$\alpha = \frac{\Delta \omega}{\Delta t}$	$\frac{\text{rad}}{\text{s}^2}$
Beschleunigungskraft F_{res}	$F_{res} = m\, a$	N	Beschleunigungsmoment M_{res}	$M_{res} = J\, \alpha$	Nm
kinetische Energie E_{kin}	$E_{kin} = \frac{m}{2} v^2$	J	Rotationsenergie E_{rot}	$E_{rot} = \frac{J}{2} \omega^2$	J
$F_{res}\,(t_2 - t_1) = m\,(v_2 - v_1)$ Kraftstoß = Impulsänderung			$M_{res}\,(t_2 - t_1) = J\,(\omega_2 - \omega_1)$ Momentenstoß = Drehimpulsänderung		

4.28 Harmonische Schwingung

T, t	z	f	ω	$\Delta\varphi$	y, l	v_y	a_y, g	F_R	M_R	D, R	R_d	m	J
s	1	$\text{Hz} = \frac{1}{\text{s}}$	$\frac{1}{\text{s}}$	rad	m	$\frac{\text{m}}{\text{s}}$	$\frac{\text{m}}{\text{s}^2}$	N	Nm	$\frac{\text{N}}{\text{m}}$	$\frac{\text{Nm}}{\text{rad}}$	kg	kgm^2

Periodendauer T

$$T = \frac{\Delta t}{z} = \frac{1}{f}$$

Δt Zeitabschnitt
z Anzahl der Perioden

Frequenz f

$$f = \frac{z}{\Delta t} = \frac{1}{T}$$

z Anzahl der Perioden
Δt Zeitabschnitt

Phasenwinkel $\Delta\varphi$

$$\Delta\varphi = 2\,\pi\, z = \omega\, \Delta t = 2\,\pi\, f\, \Delta t$$

4 Dynamik

Kreisfrequenz ω $\qquad$ $\omega = 2\,\pi\,\dfrac{z}{\Delta t} = 2\,\pi\,f = \dfrac{2\,\pi}{T}$

Auslenkung y
(A Amplitude = y_{max})

$y = A\,\sin\,\Delta\varphi = A\,\sin\,(\omega\,t) = A\,\sin\,(2\,\pi\,f\,t)$

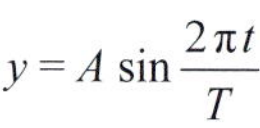

$y = A\,\sin\dfrac{2\,\pi\,t}{T}$

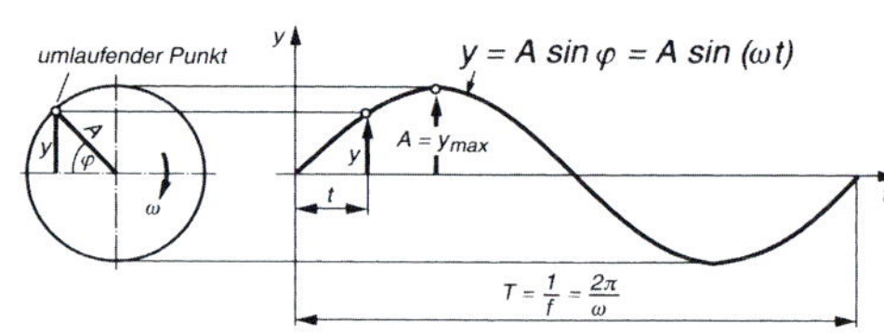

Momentan-
geschwindigkeit v_y

$v_y = A\,\omega\,\cos\,\Delta\varphi = A\,\omega\,\cos\,(\omega\,t) = A\,\omega\,\cos\,(2\,\pi\,f\,t)$

$v_y = A\,\omega\,\cos\dfrac{2\,\pi\,t}{T}$

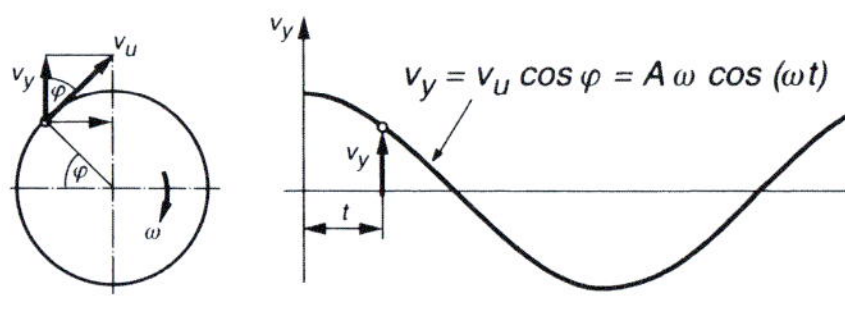

Momentan-
beschleunigung a_y

$a_y = -A\,\omega^2\,\sin\,\Delta\varphi = -A\,\omega^2\,\sin\,(\omega t) = -A\,\omega^2\,\sin\,(2\,\pi\,f\,t) = -A\,\omega^2\,\sin\dfrac{2\,\pi\,t}{T}$

$a_y = -y\,\omega^2$

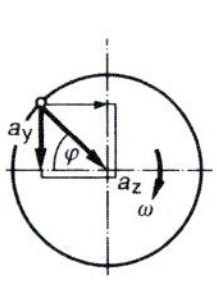

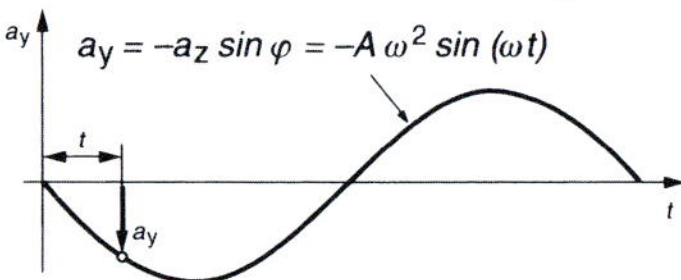

Schwingungsbeginn bei
Phasenwinkel $\Delta\varphi_0$ $\qquad$ $y = A\,\sin\,(\varphi + \Delta\varphi_0) = A\,\sin\,(\omega\,t + \Delta\varphi_0)$

Rückstellkraft F_R $\qquad$ $F_R = D_y = R_y$ $\qquad$ D Richtgröße (Federrate R)

Rückstellmoment M_R $\qquad$ $M_R = R\,\Delta\varphi$ $\qquad$ R Federrate der Torsionsfeder

Periodendauer T
(Feder)

$T = 2\pi\sqrt{\dfrac{m}{R}}$	$T = 2\pi\sqrt{\dfrac{J}{R}}$	$R = m\,\dfrac{4\,\pi^2}{T^2} = D$
Schraubenfeder	Torsionsfeder	

Periodendauer T
(Pendel)

$T = 2\pi\sqrt{\dfrac{l}{g}}$	$T = 2\pi\sqrt{\dfrac{l}{2\,g}}$	J Trägheitsmoment R Federrate der Torsionsfeder l Pendellänge und Länge der Flüssigkeitssäule
Schwerependel	Flüssigkeitssäule	

Überlagerung
bei $f_1 = f_2$ und $A_1 \neq A_2$ $\qquad$ $y_{res} = A_1\,\sin\,\Delta\varphi_1 + A_2$ $\qquad$ ergibt wieder eine harmonische Schwingung

Überlagerung
bei $f_1 \neq f_2$ und $A_1 \neq A_2$ $\qquad$ $y_{res} = A_1\,\sin\,\Delta\varphi_1 + A_2\,\sin\,\Delta\varphi_2$ $\qquad$ ergibt keine harmonische Schwingung

Schwebungsfrequenz f $\qquad$ $f = f_1 - f_2$

4.29 Pendelgleichungen

F_R, F_G	M_R	m	g	l, s, y, A	R_F	R_T	φ	T	ω	J	v_0	ω_0
N	$\frac{\text{Nm}}{\text{rad}}$	kg	$\frac{\text{m}}{\text{s}^2}$	m	$\frac{\text{N}}{\text{m}}$	$\frac{\text{Nm}}{\text{rad}}$	rad	s	$\frac{1}{\text{s}}$	kgm^2	$\frac{\text{m}}{\text{s}}$	$\frac{1}{\text{s}}$

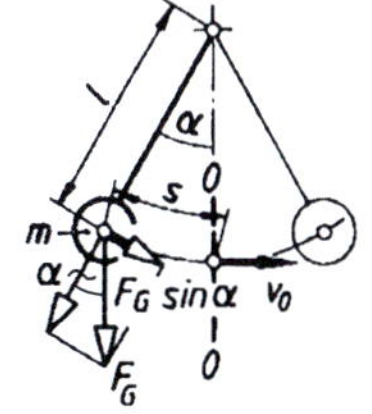

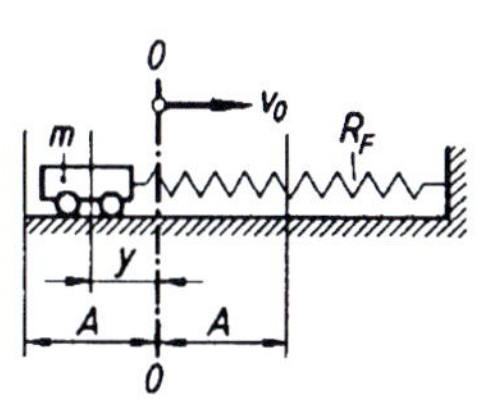

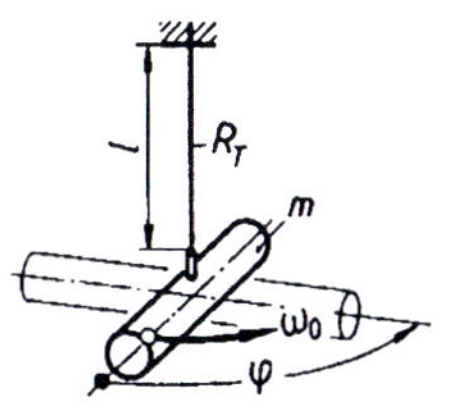

Pendelart	Schwerependel	Schraubenfederpendel	Torsionspendel
Rückstellkraft F_R Rückstellmoment M_R	$F_R = F_G \sin\alpha = mg\sin\alpha$ $F_R = \frac{mg}{l} s = Ds$	$F_R = R_F\, y = m \frac{4\pi^2}{T^2} y$	$M_R = R_T\, \varphi$
Richtgröße D Federrate R_F, R_T	$D = \frac{mg}{l}$	$R_F = m \frac{4\pi^2}{T^2}$	$R_T = \frac{M_R}{\Delta\varphi} = \frac{I_p G}{l}$ (G Schubmodul, I_p polares Flächenmoment 2. Grades)
Periodendauer T	$T = 2\pi \sqrt{\frac{l}{g}}$	$T = 2\pi \sqrt{\frac{m}{R_F}}$	$T = 2\pi \sqrt{\frac{J}{R_T}}$ J Trägheitsmoment
maximale Geschwindigkeit v_0 maximale Winkelgeschwindigkeit ω_0	$v_0 = \sqrt{2gl(1-\cos\alpha_{max})}$ gilt bis $\alpha_{max} < 14°$	$v_0 = A\sqrt{\frac{R_F}{m}}$	$\omega_0 = \varphi\sqrt{\frac{R_T}{J}}$ J Trägheitsmoment

experimentelle Bestimmung des Trägheitsmoments J_2 eines Körpers

$$J_2 = J_1 \frac{T_2^2 - T_1^2}{T_1^2}$$

J_1 bekanntes Trägheitsmoment

J_2 unbekanntes Trägheitsmoment

T_1 gemessene Schwingung bei Körper 1 allein

T_2 bei Körper 1 und 2 zusammen

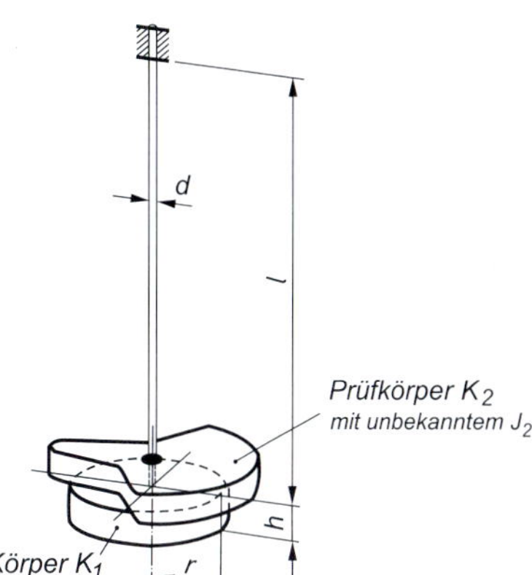

4.30 Harmonische Welle

Ausbreitungsgeschwindigkeit c der Welle

$$c = \frac{\lambda}{T} = \lambda f \qquad \lambda \text{ Wellenlänge}$$

Gleichung der harmonischen Welle

$$y = A \sin\left[2\pi\left(\frac{t}{T} - \frac{\Delta x}{\lambda}\right)\right]$$

c, v_B, v_E	$\lambda, A, y, l, \Delta x, x_0$
$\frac{m}{s}$	m

Momentanbild der Welle zur Zeit t_0

$$y = A \sin\left[2\pi\left(\frac{t_0}{T} - \frac{\Delta x}{\lambda}\right)\right]$$

T, t, t_0	f, f_0, f_1
s	$\frac{1}{s}$

Auslenkung eines Oszillators der Welle zur beliebigen Zeit t

$$y = A \sin\left[2\pi\left(\frac{t}{T} - \frac{x_0}{\lambda}\right)\right]$$

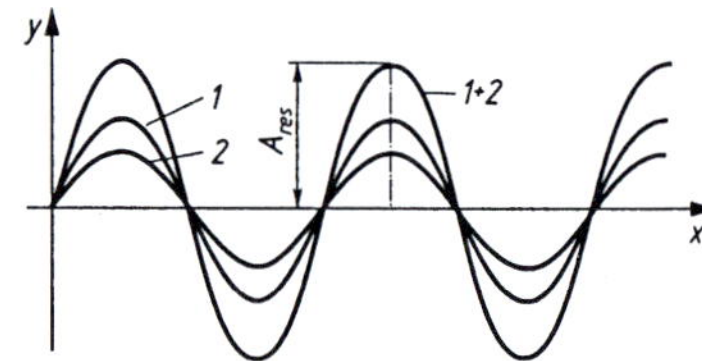

Bedingung für die größtmögliche Verstärkung der Welle

$$\Delta x = \pm 2n\frac{\lambda}{2}$$

n natürliche Zahl

Bedingung für die größtmögliche Schwächung der Welle

$$\Delta x = \pm (2n - 1)\frac{\lambda}{2}$$

n natürliche Zahl

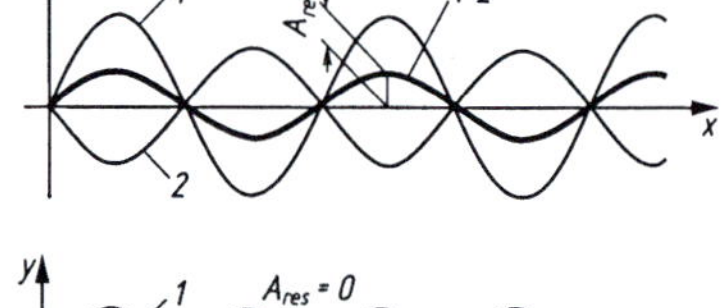

Bedingung für die Auslöschung der Welle, wenn zugleich $A_1 = A_2$ ist.

$$\Delta x = \pm (2n - 1)\frac{\lambda}{2}$$

n natürliche Zahl

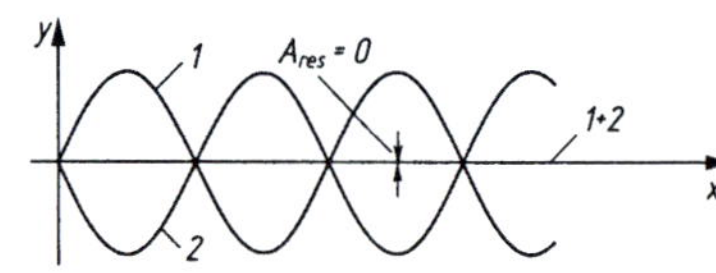

Brechungsgesetz

$$\frac{\sin\alpha}{\sin\beta} = \frac{c_1}{c_2}$$

α Einfallswinkel
β Brechungswinkel

Doppler-Effekt bei still stehendem Erreger und bewegtem Beobachter (v_B)

$$f_1 = f_0\left(1 \pm \frac{v_B}{c}\right)$$

$+$ Beobachter bewegt sich auf den Erreger zu
$-$ Beobachter entfernt sich vom Erreger

Doppler-Effekt bei bewegtem Erreger (v_E) und stillstehendem Beobachter

$$f_1 = f_0\frac{1}{1 \mp \frac{v_E}{c}}$$

$-$ Erreger bewegt sich auf den Beobachter zu
$+$ Erreger entfernt sich vom Beobachter

Grundfrequenz f_0 (stehende Welle auf einem Träger der Länge l)

$$f_0 = \frac{c}{2l}$$

Träger mit zwei festen Enden

$$f_0 = \frac{c}{4l}$$

Träger mit einem festen und einem losen Ende

Überlagerung stehender Wellen ($f_1 = f_2$; $A_1 = A_2$)

$$y_{res} = 2A\sin\left(2\pi\frac{t}{T}\right)\cos\left(2\pi\frac{x}{\lambda}\right)$$

5 Festigkeitslehre

5.1 Zug- und Druckbeanspruchung

Zugbeanspruchung

vorhandene Spannung (Zughauptgleichung)

$$\sigma_{z\,vorh} = \frac{F_N}{A} \leq \sigma_{z\,zul}$$

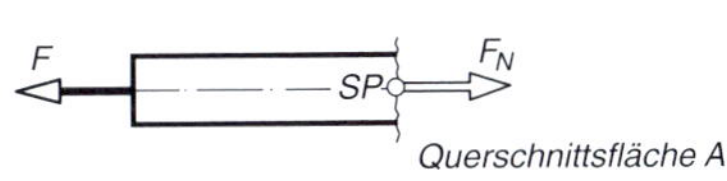

erforderlicher Querschnitt

$$A_{erf} = \frac{F_N}{\sigma_{z\,zul}}$$

$\sigma_{z\,vorh}$	$F_{N\,max}$	A_{erf}
$\frac{N}{mm^2}$	N	mm^2

maximale Belastung

$$F_{N\,max} = \sigma_{z\,zul}\, A$$

Dehnung

$$\varepsilon = \frac{\Delta l}{l_0} = \frac{l - l_0}{l_0}$$

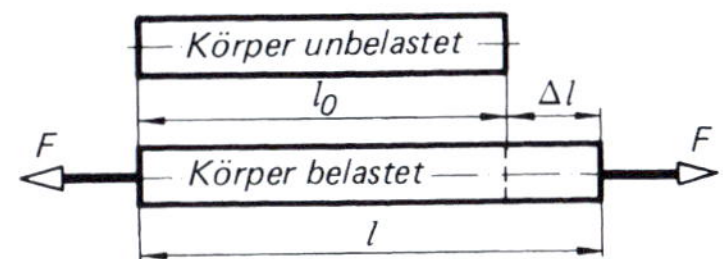

Querdehnung

$$\varepsilon_q = \frac{\Delta d}{d_0} = \frac{d_0 - d}{d_0}$$

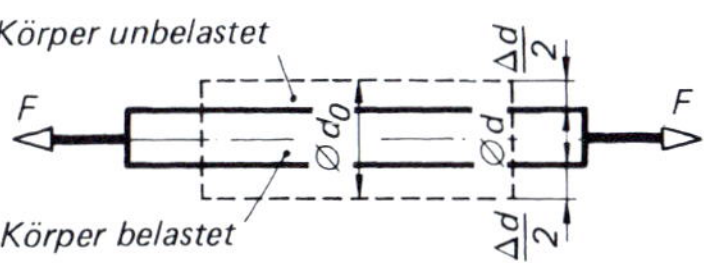

Poisson-Zahl

$$m = \frac{\varepsilon}{\varepsilon_q} \quad \text{für Stahl } m \approx 3{,}3$$

Querzahl

$$\mu = \frac{1}{m}$$

Querzahlen μ für ausgewählte Werkstoffe

Stahl / Stahlguss	0,3
Gusseisen mit Lamellengraphit	0,26
Aluminiumlegierungen	0,33
Manganlegierungen	0,35
Kupfer	0,34
Elastomere	0,5
Epoxidharz	0,36

A. Böge, W. Böge, *Formeln und Tabellen zur Technischen Mechanik*, https://doi.org/10.1007/978-3-658-44430-3_5

Hooke'sches Gesetz

$$\sigma = \varepsilon \cdot E = \frac{\Delta l}{l_0} E$$

E Elastizitätsmodul (5.17 und 5.18)

σ	$\Delta l,\ l,\ l_0$	E	$\varepsilon,\ \varepsilon_q,\ m,\ \mu$
$\frac{\text{N}}{\text{mm}^2}$	mm	$\frac{\text{N}}{\text{mm}^2}$	1

Reißlänge

$$l_r = \frac{R_m}{\varrho g}$$

$$l_r = 10^3 \frac{R_m}{\varrho g} \quad \textit{Zahlenwertgleichung}$$

$$l_r \approx 10^2 \frac{R_m}{\varrho} \quad \text{mit} \quad g \approx 10 \frac{\text{m}}{\text{s}^2}$$

R_m Zugfestigkeit
ϱ Dichte
g Fallbeschleunigung

l_r	$R_m(\sigma_{zB})$	ϱ	g
km	$\frac{\text{N}}{\text{mm}^2}$	$\frac{\text{kg}}{\text{m}^3}$	$\frac{\text{m}}{\text{s}^2}$

Verlängerung

$$\Delta l = l_0\, \alpha_l\, \Delta T$$

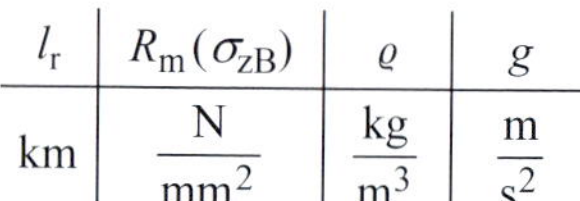

Länge nach Erwärmung

$$l = l_0 \left[1 + \alpha_l \left(T_2 - T_1\right)\right]$$

Volumenänderung

$$\Delta V = V_0\, \alpha_v\, \Delta T = V_0\, \alpha_v \left(T_2 - T_1\right)$$

Mit $\alpha_v \approx 3\alpha_l$:

$$\Delta V = 3V_0\, \alpha_l\, \Delta T = 3V_0\, \alpha_l \left(T_2 - T_1\right)$$

Volumen nach Erwärmung

$$V = V_0 \left[1 + 3\alpha_l \left(T_2 - T_1\right)\right]$$

Wärmespannung

$$\sigma_\vartheta = \alpha_l\, \Delta T\, E$$

$\Delta l, l_0, l_1$	$\Delta V, V_0, V_1$	α_l, α_v	$\Delta T, T_1, T_2$	σ_ϑ, E
mm	mm^3	K^{-1}	K	$\frac{\text{N}}{\text{mm}^2}$

ΔT Temperaturdifferenz
α_l Längenausdehnungskoeffizient
α_v Volumenausdehnungskoeffizient
K Temperatureinheit, SI-Basiseinheit (1 K = 1 °C)
E Elastizitätsmodul (5.17 und 5.18)

Längenausdehnungskoeffizient α_l fester Stoffe

Stoff (Auswahl)	Längenausdehnungskoeffizient α_l fester Stoffe zwischen 0 °C und 100 °C in K^{-1} = $°C^{-1}$
Aluminium	$23{,}5 \cdot 10^{-6}$
Blei	$29{,}2 \cdot 10^{-6}$
Chromstahl	$11 \cdot 10^{-6}$
Glas	$3{,}5–9 \cdot 10^{-6}$
Gusseisen	$9–12 \cdot 10^{-6}$
Stahl	$10{,}5–13 \cdot 10^{-6}$
Kupfer	$16{,}5 \cdot 10^{-6}$
Messing	$17{,}5–19{,}1 \cdot 10^{-6}$
Nickel	$14{,}1 \cdot 10^{-6}$
Platin	$8{,}9 \cdot 10^{-6}$
Polyethylen (PE)	$150–250 \cdot 10^{-6}$
Wolfram	$4{,}5 \cdot 10^{-6}$
Zinnbronze	$16{,}8–18{,}8 \cdot 10^{-6}$

Volumenausdehnungskoeffizient α_v flüssiger Stoffe

Stoff (Auswahl)	Volumenausdehnungskoeffizient α_v flüssiger Stoffe bei 18 °C in K^{-1} = $°C^{-1}$
Benzol	$11 \cdot 10^{-4}$
Heizöl	$9{,}6 \cdot 10^{-4}$
Mineralöl, Hydrauliköl	$7 \cdot 10^{-4}$
Olivenöl	$7{,}2 \cdot 10^{-4}$
Petroleum	$9 – 10 \cdot 10^{-4}$
Quecksilber	$1{,}8 \cdot 10^{-4}$
Schwefelsäure	$5{,}6 \cdot 10^{-4}$
Terpentinöl	$11{,}1 \cdot 10^{-4}$
Wasser	$1{,}8 \cdot 10^{-4}$

Formänderungsarbeit

$$W_f = \frac{F\,\Delta l}{2} = \frac{\sigma^2 V}{2E}$$

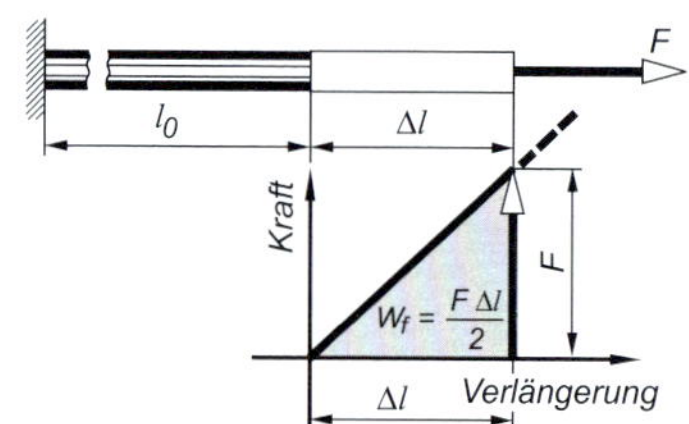

Druckbeanspruchung

vorhandene Spannung

$$\sigma_{\text{d vorh}} = \frac{F_N}{A} \leq \sigma_{\text{d zul}}$$

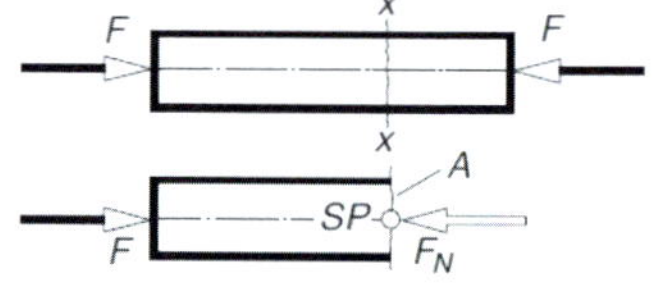

erforderlicher Querschnitt

$$A_{\text{erf}} = \frac{F_{\text{N max}}}{\sigma_{\text{d zul}}}$$

maximale Belastung

$$F_{\text{N max}} = \sigma_{\text{d zul}}\,A$$

σ_d	$F_{\text{N max}}$	A
$\frac{\text{N}}{\text{mm}^2}$	N	mm^2

5.2 Abscherbeanspruchung

vorhandene Spannung (Abscherhauptgleichung)

$$\tau_{\text{a vorh}} = \frac{F_q}{A} \leq \tau_{\text{a zul}}$$

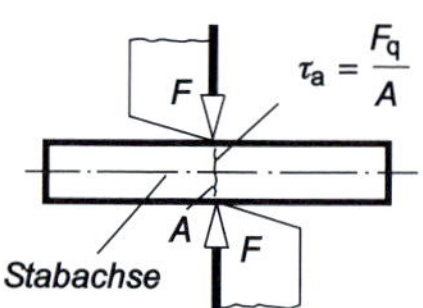

erforderlicher Querschnitt

$$A_{\text{erf}} = \frac{F_q}{\tau_{\text{a zul}}}$$

$\tau_{\text{a vorh}}$	F_q, $F_{\text{q max}}$	A_{erf}
$\frac{\text{N}}{\text{mm}^2}$	N	mm^2

maximale Belastung

$$F_{\text{q max}} = \tau_{\text{a zul}}\,A$$

Schiebung (Winkelverzerrung)

$$\tan\gamma \approx \gamma = \frac{\Delta l}{l_0}$$

γ	Δl, l_0
rad	mm

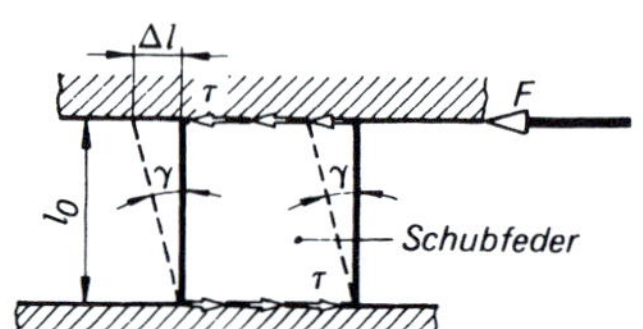

Hooke'sches Gesetz für Schubbeanspruchung

$$\tau = \gamma G = \frac{\Delta l}{l_0} G$$

G Schubmodul (5.17, 5.18)

τ, G	Δl, l_0	γ
$\frac{\text{N}}{\text{mm}^2}$	mm	1 = rad

Abscherfestigkeit

$$\tau_{aB} = 0{,}85 \cdot R_m \quad \text{für Stahl}$$
$$\tau_{aB} = 1{,}1 \cdot R_m \quad \text{für Gusseisen}$$

5.3 Flächenpressung

Flächenpressung an geneigten Flächen

$$p = \frac{F}{A_{proj}}$$

p	F	A_{proj}
$\frac{N}{mm^2}$	N	mm^2

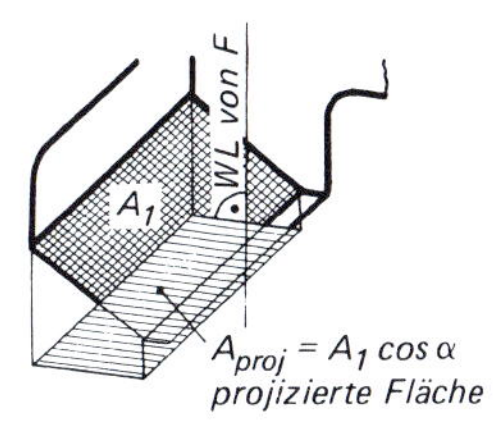

Kegelzapfen

$$p = \frac{F}{\frac{\pi}{4}\left(d_1^2 - d_2^2\right)} = \frac{F}{\pi\, d_m\, l \tan\alpha}$$

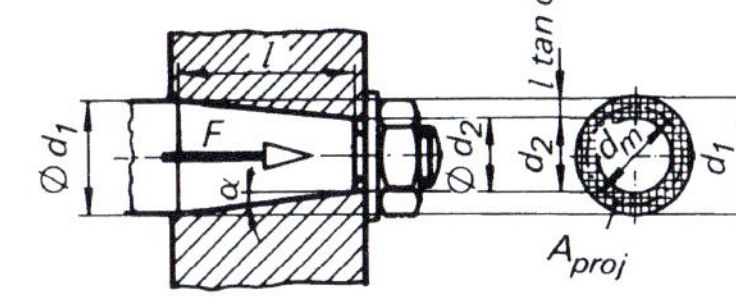

p	F	d_1, d_2, l
$\frac{N}{mm^2}$	N	mm

Prismenführung

$$p = \frac{F}{\left(b_1 - b_2\right) l} = \frac{F}{2\, l\, t \tan\alpha}$$

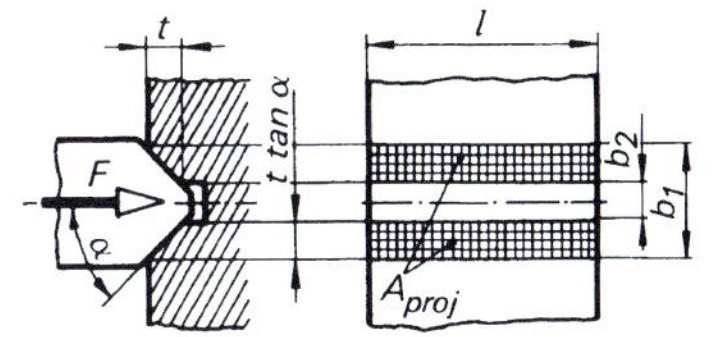

p	F	b_1, b_2, l, t
$\frac{N}{mm^2}$	N	mm

Flächenpressung im Gewinde

$$p = \frac{F}{A_{proj}} = \frac{F\,P}{\pi\, d_2\, H_1\, m}$$

P Gewindesteigung
H_1 Tragtiefe
d_2 Flankendurchmesser
m Mutterhöhe

Tabellen 7.1, 7.2

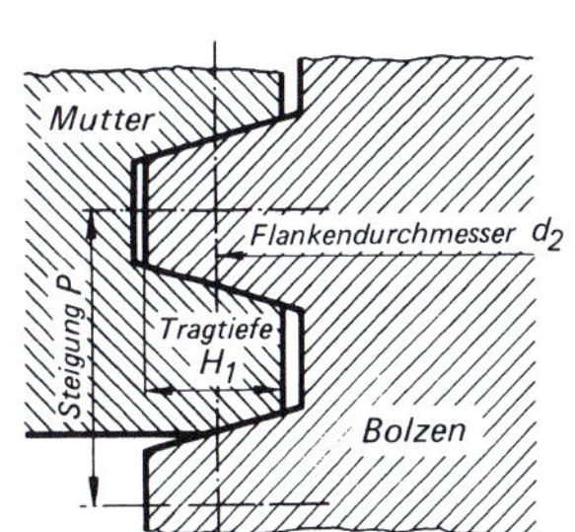

erforderliche Mutterhöhe

$$m_{erf} = \frac{F\,P}{\pi\, d_2\, H_1\, p_{zul}}$$

p	F	P, m, d_2, H
$\frac{N}{mm^2}$	N	mm

5 Festigkeitslehre

Flächenpressung in Gleitlagern und Bolzenverbindungen

$$p = \frac{F}{A_{\text{proj}}} = \frac{F}{d\,l} \leq p_{zul}$$

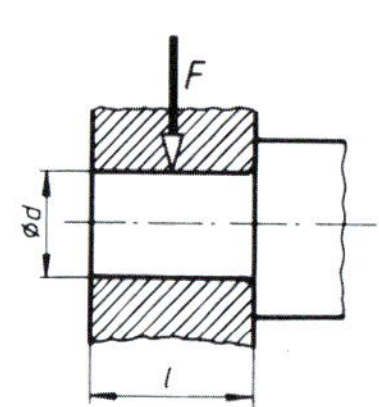

Flächenpressung in Nietverbindungen (Lochleibungsdruck)

$$\sigma_l = \frac{F}{A_{\text{proj}}} = \frac{F}{n\,d_1\,s} \leq \sigma_{l\,\text{zul}}$$

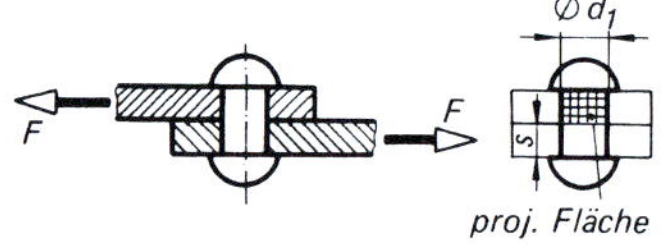

- d_1 Durchmesser des geschlagenen Niets
- n Anzahl der Niete
- A_{proj} projizierte Fläche
- s kleinste Blechdickensumme in einer Kraftrichtung

σ_l	F	d_1, s	n
$\frac{\text{N}}{\text{mm}^2}$	N	mm	1

Flächenpressung an gewölbten Flächen – Hertz'sche Gleichungen

Flächenpressungen zwischen Kugel und Ebene oder zwischen zwei Kugeln

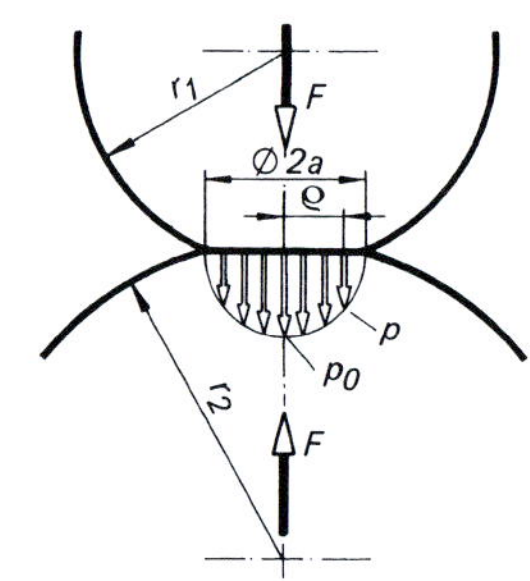

Radius a der kreisförmigen Druckfläche

$$a = \sqrt[3]{\frac{1{,}5(1-\mu^2)F\,r}{E}} = 1{,}11\sqrt[3]{\frac{F\,r}{E}}$$

Druck p auf die Berührungsfläche ϱ

$$p = p_0 \frac{\sqrt{a^2 - \varrho^2}}{a}$$

maximaler Druck p_0 in der Mitte der Berührungsfläche

$$p_0 = \frac{1}{\pi}\sqrt[3]{\frac{1{,}5F\,E^2}{r^2(1-\mu^2)^2}} = 0{,}388\sqrt[3]{\frac{F\,E^2}{r^2}}$$

Gesamtabplattung δ

$$\delta = \frac{a^2}{r} = \sqrt[3]{\frac{2{,}25(1-\mu^2)^2\,F^2}{E^2\,r}}$$

p, p_0	F	a, r, ϱ	μ
$\frac{\text{N}}{\text{mm}^2}$	N	mm	1

- a Radius der kreisförmigen oder halben Breite der rechteckigen Druckfläche
- F Druckkraft
- E Elastizitätsmodul; bei unterschiedlichen Moduln wird $E = 2E_1E_2/(E_1 + E_2)$
- l Länge des Zylinders
- r Krümmungsradius der Kugel oder des Zylinders; bei einer Krümmung beider Körper: $1/r = 1/r_1 + 1/r_2$
- p Druck auf der Berührungsfläche im Abstand ϱ
- p_0 $= p_{\max}$ Druck in der Mitte der Berührungsfläche
- μ Querzahl (5.1)
- ϱ veränderlicher Radius bzw. Ordinate in Breitenrichtung der Berührungsfläche
- δ Gesamtabplattung, also die gesamte Näherung beider Körper

Flächenpressungen zwischen Zylinder und Ebene oder zwischen zwei Zylindern

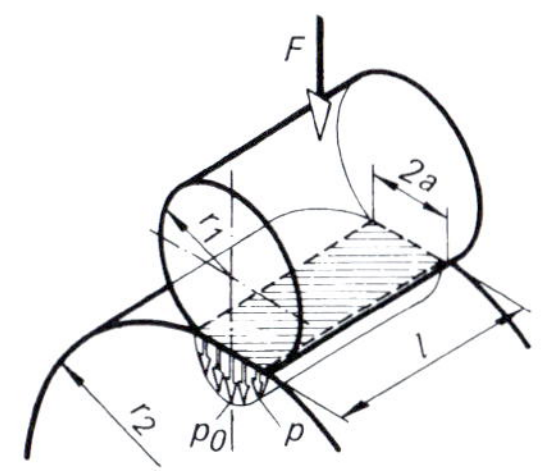

halbe Breite a der rechteckigen Druckfläche

$$a = \sqrt{\frac{8(1-\mu^2)F\,r}{\pi E\,l}} = 1{,}52\sqrt{\frac{F\,r}{E\,l}}$$

Druck p auf die Berührungsfläche ϱ

$$p = p_0 \frac{\sqrt{a^2 - \varrho^2}}{a}$$

maximaler Druck p_0 in der Mitte der Berührungsfläche

$$p_0 = \sqrt{\frac{F\,E}{2\pi r\,l(1-\mu^2)}} = 0{,}418\sqrt{\frac{F\,E}{r\,l}}$$

p, p_0	F	a, l, r, ϱ	μ
$\frac{\text{N}}{\text{mm}^2}$	N	mm	1

- a Radius der kreisförmigen oder halben Breite der rechteckigen Druckfläche
- F Druckkraft
- E Elastizitätsmodul; bei unterschiedlichen Moduln wird $E = 2E_1E_2/(E_1 + E_2)$
- l Länge des Zylinders
- r Krümmungsradius der Kugel oder des Zylinders; bei einer Krümmung beider Körper: $1/r = 1/r_1 + 1/r_2$
- p Druck auf der Berührungsfläche im Abstand ϱ
- $p_0 = p_{max}$ Druck in der Mitte der Berührungsfläche
- μ Querzahl (5.1)
- ϱ veränderlicher Radius bzw. Ordinate in Breitenrichtung der Berührungsfläche
- δ Gesamtabplattung, also die gesamte Näherung beider Körper

5 Festigkeitslehre

5.4 Flächenmomente 2. Grades, Widerstandsmomente, Trägheitsradien

axiales Flächenmoment

$$I_x = \sum y^2\,\Delta A$$

(bezogen auf die x-Achse)

$$I_y = \sum x^2\,\Delta A$$

(bezogen auf die y-Achse)

polares Flächenmoment

$$I_p = \sum r^2\,\Delta A = I_x + I_y$$

gemischtes Flächenmoment

$$I_{xy} = \sum x\,y\,\Delta A = I_x + I_y$$

Trägheitsradius

$$i = \sqrt{\frac{I}{A}}$$

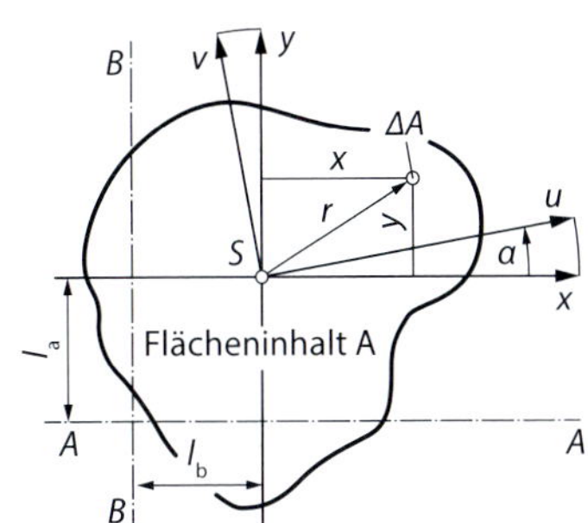

für das Flächenmoment I kann I_x, I_y, I_p eingesetzt werden – ergibt dann die Trägheitsradien i_x, i_y, i_p

A Flächeninhalt

Steiner'scher Verschiebesatz – bezogen auf Achsen *parallel* zu den Schwerachsen A–A, B–B

$I_A = I_x + A l_a^2$ axiales Flächenmoment bezogen auf A–A

$I_B = I_y + A l_b^2$ axiales Flächenmoment bezogen auf B–B

$I_{AB} = I_{xy} + A l_a l_b$ gemischtes Flächenmoment

Flächenmomente 2. Grades zusammengesetzter Flächen einfach symmetrischer Querschnitte

1. Querschnitt in Teilflächen mit bekannter Schwerpunktslage zerlegen,
2. Schwerpunkte der Teilflächen nach 2.2 bestimmen,
3. Flächenmomente der Teilflächen, bezogen auf ihre eigene Schwerachse nach 5.13 berechnen,
4. Lage des Gesamtschwerpunkts bestimmen, wenn die Gesamtschwerachse Bezugsachse ist,
5. Flächenmoment nach dem Verschiebesatz von Steiner bestimmen.

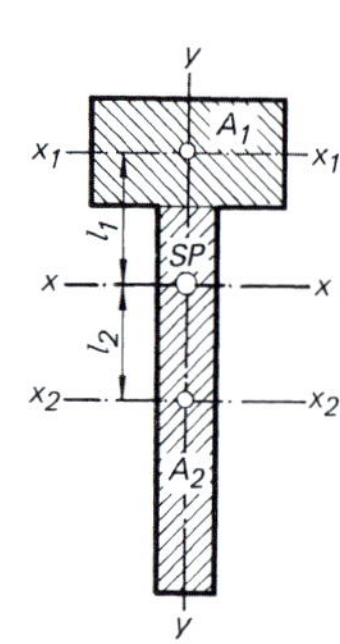

Steiner'scher Verschiebesatz

$I = I_1 + A_1 l_1^2 + I_2 + A_2 l_2^2 + \ldots + I_n + A_n l_n^2$

Hinweis: Fallen Teilschwerachsen und Bezugsachsen zusammen, dann sind die Abstände $l_1, l_2 \ldots$ gleich null und es wird $I = I_1 + I_2 + \ldots + I_n$, d. h. die Teilflächenmomente 2. Grades werden einfach addiert.

Flächenmomente bei Drehung um Winkel α

$$I_u = \frac{I_x + I_y}{2} + \frac{I_x - I_y}{2}\cos 2\alpha - I_{xy}\sin 2\alpha$$

$$I_v = \frac{I_x + I_y}{2} + \frac{I_x - I_y}{2}\cos 2\alpha + I_{xy}\sin 2\alpha$$

$$I_{uv} = \frac{I_x - I_y}{2}\sin 2\alpha + I_{xy}\cos 2\alpha$$

Hauptflächenmomente I_I, I_{II}

$$I_I = I_{max} = \frac{I_x + I_y}{2} + \frac{1}{2}\sqrt{\left(I_y - I_x\right)^2 + 4I_{xy}^2}$$

$$I_{II} = I_{min} = \frac{I_x + I_y}{2} - \frac{1}{2}\sqrt{\left(I_y - I_x\right)^2 + 4I_{xy}^2}$$

Lage der Hauptachsen

$$\tan 2\alpha_0 = \frac{2I_{xy}}{I_y - I_x}$$

$$2\alpha_0 = \arctan\frac{2I_{xy}}{I_y - I_x}$$

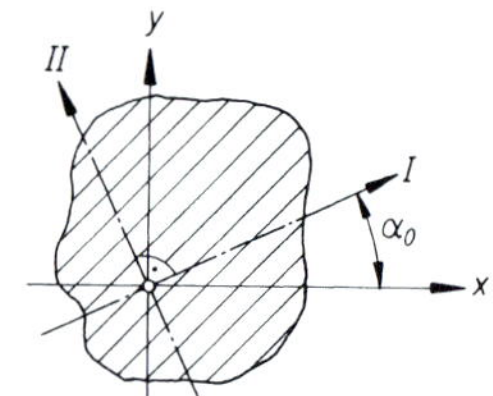

axiales Widerstandsmoment

$$W_x = \frac{I_x}{e_x} \quad W_y = \frac{I_y}{e_y}$$

polares Widerstandsmoment

$$W_p = \frac{I_p}{r}$$

axiale Widerstandsmomente bei einfach symmetrischem Querschnitt

$$W_{x1} = \frac{I_x}{e_1} \quad W_{x2} = \frac{I_x}{e_2}$$

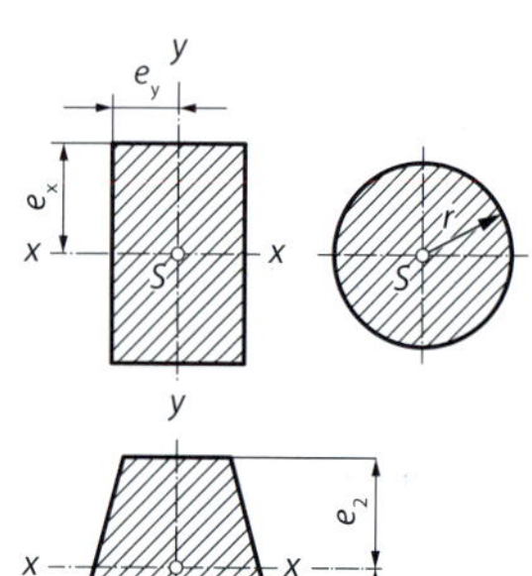

5.5 Verdrehbeanspruchung (Torsion)

erforderliches Widerstandsmoment $W_{\text{p erf}} = \dfrac{M_\text{T}}{\tau_{\text{t zul}}}$

$M = M_\text{T} = 9550 \dfrac{P}{n}$

Zahlenwertgleichung

M, M_T	P	n
Nm	kW	min^{-1}

vorhandene Torsionsspannung (Torsionshauptgleichung) $\tau_{\text{t vorh}} = \dfrac{M_\text{T}}{W_\text{p}} \leq \tau_{\text{t zul}}$

Torsionshauptgleichung

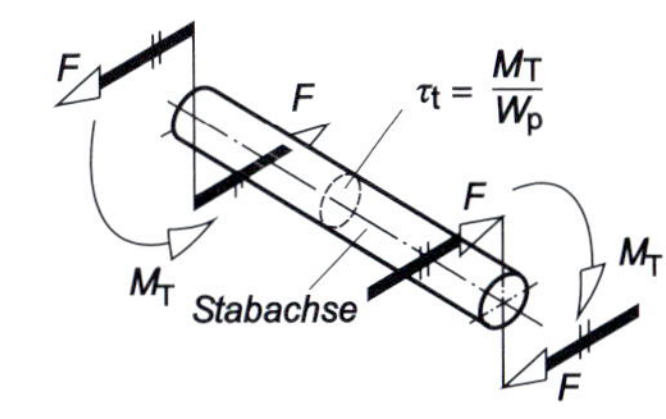

maximales Torsionsmoment $M_{\text{T max}} = W_\text{p}\, \tau_{\text{t zul}}$

erforderlicher Durchmesser für Kreisquerschnitt $d_{\text{erf}} = \sqrt[3]{\dfrac{16\, M_\text{T}}{\pi\, \tau_{\text{t zul}}}}$

Hinweis: Das (äußere) Drehmoment M ist gleich dem (inneren) Torsionsmoment M_T ($M = M_\text{T}$)

τ_t, G	M_T	W_p	I_p	l, r	φ
$\dfrac{\text{N}}{\text{mm}^2}$	Nmm	mm^3	mm^4	mm	°

Verdrehwinkel in Grad $\varphi = \dfrac{\tau_\text{t}\, l}{G\, r} \cdot \dfrac{180°}{\pi}$ $\quad \varphi = \dfrac{M_\text{T}\, l}{W_\text{p}\, r\, G} \cdot \dfrac{180°}{\pi}$ $\quad \varphi = \dfrac{M_\text{T}\, l}{I_\text{p}\, G} \cdot \dfrac{180°}{\pi}$

G Schubmodul (5.17, 5.18) $\quad W_\text{p}, I_\text{p}$ (5.14)

Formänderungsarbeit W $\quad W = M_\text{T} \dfrac{\varphi}{2} = \dfrac{\tau_\text{t}^2\, V}{4G} = \dfrac{R}{2} \varphi^2$

$R = \dfrac{M_\text{T}}{\varphi} \mathrel{\hat{=}} \tan \alpha$

V Volumen in mm^3
R Federrate in N/mm
φ Drehwinkel in rad
G Schubmodul in N/mm^2
W Formänderungsarbeit in 10^{-3} J

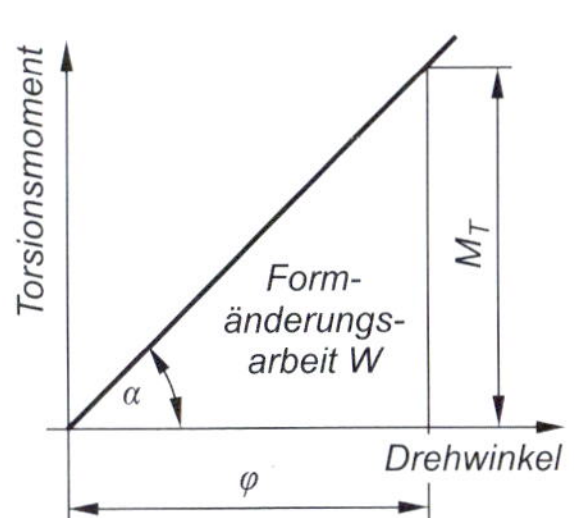

5.6 Biegebeanspruchung

erforderliches Widerstandsmoment $W_{\text{erf}} = \dfrac{M_{\text{b max}}}{\sigma_{\text{b zul}}}$

vorhandene Biegespannung (Biegehauptgleichung) $\sigma_{\text{b vorh}} = \dfrac{M_{\text{b max}}}{W} \leq \sigma_{\text{b zul}}$

maximales Biegemoment $M_{\text{b max}} = W \sigma_{\text{b zul}}$

Biegehauptgleichung

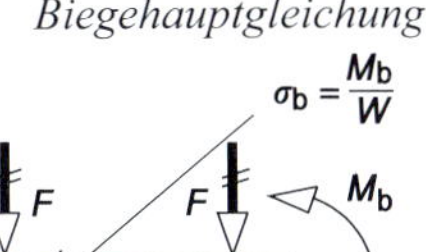

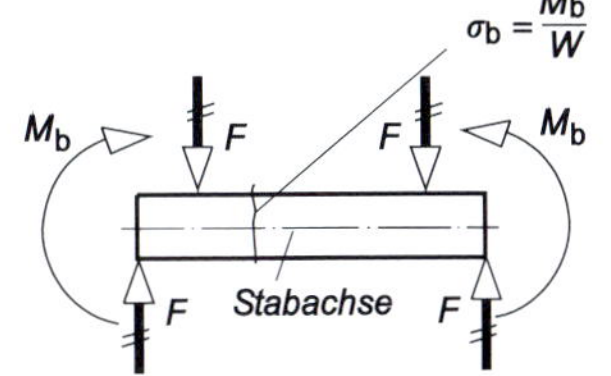

5 Festigkeitslehre

erforderlicher Durchmesser für Kreisquerschnitt

$$d_{\text{erf}} = \sqrt[3]{\frac{32\, M_b}{\pi\, \sigma_{b\,\text{zul}}}}$$

σ_b	M_b	W	I	e_1, e_2, d
$\frac{\text{N}}{\text{mm}^2}$	Nmm	mm^3	mm^4	mm

Spannungsverteilung im einfach symmetrischen Querschnitt

größte Zugspannung

$$\sigma_{z\,\max} = \frac{M_b\, e_1}{I} = \frac{M_b}{W_1}$$

größte Druckspannung

$$\sigma_{d\,\max} = \frac{M_b\, e_2}{I} = \frac{M_b}{W_2}$$

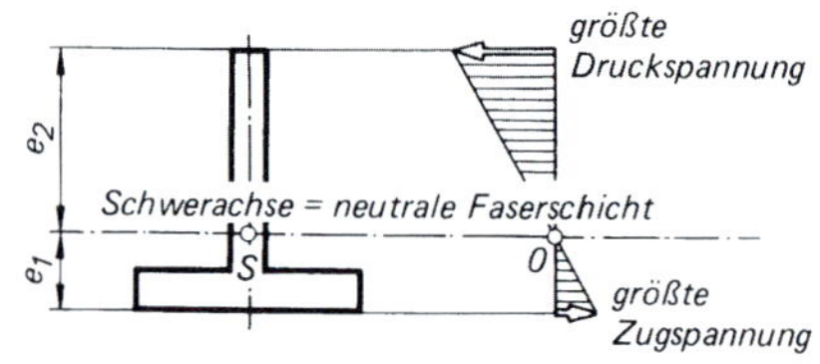

5.7 Knickbeanspruchung

Knickkraft nach Euler

$$F_K = \frac{\pi^2\, E\, I_{\min}}{s^2}$$

s freie Knicklänge

Fall 1 $s = 2\,l$ Fall 2 $s = l$ Fall 3 $s = 0{,}707\,l$ Fall 4 $s = 0{,}5\,l$

erforderliches Flächenmoment 2. Grades nach Euler

$$I_{\text{erf}} = \frac{\nu\, F\, s^2}{\pi^2\, E}$$

$\lambda_{\text{vorh}} > \lambda_0$ *Eulerbedingung*

Knickspannung nach Euler

$$\sigma_K = \frac{\pi^2\, E}{\lambda^2}$$

Sicherheit gegen Knicken

$$\nu = \frac{F_K}{F} = \frac{\sigma_K}{\sigma_{d\,\text{vorh}}}$$

$\nu \approx 3 \ldots 10$ im Maschinenbau

Schlankheitsgrad

$$\lambda = \frac{s}{i}$$

Trägheitsradius

$$i = \sqrt{\frac{I}{A}}$$

σ_K, E	I	F_K, F	A	i, s, l	λ, ν
$\frac{\text{N}}{\text{mm}^2}$	mm^4	N	mm^2	mm	1

Grenzschlankheitsgrad λ_0 für Euler'sche Knickung und Tetmajergleichungen

Werkstoff	Elastizitätsmodul E in N/mm^2	Grenzschlankheitsgrad λ_0	Tetmajergleichung für Knickspannung σ_K in N/mm^2
Nadelholz	10 000	100	$\sigma_K = 29{,}3 - 0{,}194 \cdot \lambda$
Gusseisen	100 000	80	$\sigma_K = 776 - 12 \cdot \lambda + 0{,}053 \cdot \lambda^2$
S235JR	210 000	105	$\sigma_K = 310 - 1{,}14 \cdot \lambda$
E295 / E355	210 000	89	$\sigma_K = 335 - 0{,}62 \cdot \lambda$
Vergütungsstahl, z. B. 16NiCr4 (< 5% Ni)	210 000	86	$\sigma_K = 470 - 2{,}3 \cdot \lambda$
Al Cu Mg	70 000	66	
Al Mg3	70 000	110	

Arbeitsplan zur Berechnung der vorhandenen Knicksicherheit

Gegeben: Querschnittsabmessungen (Profil), Werkstoff, Belastung F des Druckstabs, geforderte Knicksicherheit ν_{gef}

Gesucht: vorhandene Knicksicherheit ν_{vorh}

1. Knickkraft F_K berechnen $\qquad F_K = F \cdot \nu \quad \nu \approx 3 \ldots 10$ im Maschinenbau
2. erforderliches Flächenmoment 2. Grades I_{erf} bestimmen
3. Querschnittsabmessungen nach Tabelle 5.13 festlegen
4. Trägheitsradius i nach Tabelle 5.13 berechnen $\qquad i = \sqrt{\dfrac{I}{A}}$
5. vorhandenen Schlankheitsgrad λ_{vorh} bestimmen.
   Bei $\lambda_{vorh} \geq \lambda_0$ ist die Berechnung beendet.
6. Bei $\lambda_{vorh} < \lambda_0$ mit einer Tetmajergleichung (siehe Tabelle Grenzschlankheitsgrad λ_0) die Knickspannung σ_K berechnen.
7. vorhandene Druckspannung $\sigma_{d\,vorh}$ bestimmen $\qquad \sigma_{d\,vorh} = \dfrac{F}{A}$
8. vorhandene Sicherheit ν_{vorh} berechnen $\qquad \nu_{vorh} = \dfrac{\sigma_K}{\sigma_{d\,vorh}}$
9. $\nu_{vorh} > \nu_{erf} \rightarrow$ Rechnung beendet
   $\nu_{vorh} < \nu_{erf} \rightarrow$ Querschnittsabmessungen vergrößern und die Rechnung ab Schritt 5 wiederholen

5 Festigkeitslehre

5.8 Knickung im Stahlbau

Für Druckstäbe (Stützen) muss im Stahlbau nach DIN EN 1993-1-1 die Stabilität nachgewiesen werden. Stabilität besteht dann, wenn in der Ausweichrichtung des Stabs bei planmäßig mittigem Druck die Stabilitäts-Hauptgleichung erfüllt ist.

$$\frac{F}{\kappa F_{pl}} \leq 1$$

F	F_{pl}	κ
N	N	1

F Belastung (Normalkraft) in Richtung der Stabachse,

F_{pl} Normalkraft im vollplastischen Zustand (Arbeitsplan zum Stabilitätsnachweis für einteilige Druckstäbe, Nr. 10),

κ Abminderungsfaktor (Arbeitsplan zum Stabilitätsnachweis für einteilige Druckstäbe, Nr. 8).

Eine Bemessung der Stabquerschnitte ist über den Stabilitätsnachweis nicht möglich, weil die Stabilitäts-Hauptgleichung keine direkte Bezugsgröße für einen Stabquerschnitt enthält. Man nimmt daher versuchsweise einen Stabquerschnitt an und ermittelt damit der Reihe nach die im folgenden Arbeitsplan aufgeführten Größen. Ist am Ende die Bedingung $F/(\kappa F_{pl}) \leq 1$ nicht erfüllt, muss die Rechnung mit geänderten Annahmen wiederholt werden.

Arbeitsplan zum Stabilitätsnachweis für einteilige Druckstäbe

Gegeben: Querschnittsabmessungen (Profil), Werkstoff, Belastung F des Druckstabs
Gesucht: Stabilitätsnachweis

1. Knicklänge s_K

$$s_K = \beta l$$

s_K	β	l
mm	1	mm

2. Knicklängenbeiwert β und Systemlänge l nach Bild in 5.7

Fall 1	Fall 2	Fall 3	Fall 4
$\beta = 2$	$\beta = 1$	$\beta = 0{,}707$	$\beta = 0{,}5$

3. Trägheitsradius i

$$i = \sqrt{\frac{I}{A}}$$

i	I	A
mm	mm^4	mm^2

4. Schlankheitsgrad λ_K

$$\lambda_K = \frac{s_K}{i}$$

i Trägheitsradius
I Flächenmoment 2. Grades
A Querschnittsfläche (i, I und A in den Tabellen 5.13 – 5.15)

5. bezogener Schlankheitsgrad

$$\bar{\lambda}_K = \frac{\lambda_K}{\lambda_a}$$

$\bar{\lambda}_K$	λ_K	λ_a
1	1	1

6. Bezugsschlankheitsgrad λ_a

$$\lambda_a = \pi \sqrt{\frac{E}{R_e}}$$

λ_a	E	R_e
1	$\frac{N}{mm^2}$	$\frac{N}{mm^2}$

E Elastizitätsmodul = 210 000 N/mm^2
R_e Streckgrenze nach Tabelle 5.16

Danach ergibt sich λ_a für die im Stahlbau verwendeten Werkstoffe:
S235JR mit $R_e = 240\ N/mm^2$ und einer Erzeugnisdicke $t \leq 40$ mm zu $\lambda_a = 92{,}9$,
S335J2G3 mit $R_e = 360\ N/mm^2$ und einer Erzeugnisdicke $t \leq 40$ mm zu $\lambda_a = 75{,}9$.
Stahlbezeichnungen siehe Tabelle 5.21.

7. Festlegen einer Knicklinie in Abhängigkeit von der gewählten Stab-Querschnittsform[1)]

Querschnittsformen		Ausknicken rechtwinklig zur Achse	Knick-linie
Gewalzte Doppel-T-Profile (siehe Tabellen 7.5, 7.7)	$h/b > 1{,}2$ und $t \leq 40$ mm	x y	a b
	$h/b > 1{,}2$ und $40 < t \leq 80$ mm $h/b \leq 1{,}2$ und $t \leq 80$ mm	x y	b c
	$t \leq 80$ mm	x und y	d
U-, L-, T-Querschnitte (siehe Tabellen 7.3, 7.4, 7.6, 7.8)		x und y	c

[1)] nach DIN EN 1993-1-1, Tabelle 6.2

8. Abminderungsfaktor κ

Der Abminderungsfaktor κ für die Knicklinien a, b, c und d wird mit den folgenden Formeln berechnet:

Bereich $\bar{\lambda}_K \le 0{,}2$	Bereich $\bar{\lambda}_K > 0{,}2$	Bereich $\bar{\lambda}_K > 0{,}3$
$\kappa = 1$	$\kappa = \frac{1}{k + \sqrt{k^2 - \bar{\lambda}_K^2}}$ mit $k = 0{,}5\,[1 + \alpha(\bar{\lambda}_K - 0{,}2) + \bar{\lambda}_K^2]$	$\kappa = \frac{1}{\left[\bar{\lambda}_K \cdot (\bar{\lambda}_K + \alpha)\right]}$

9. Parameter α

Der Parameter α ist abhängig von den Knicklinien:

Knicklinie	a	b	c	d
α	0,21	0,34	0,49	0,76

10. Normalkraft F_{pl}

$$F_{pl} = R_e \cdot A$$

F_{pl}	R_e	A
N	$\frac{N}{mm^2}$	mm^2

F_{pl} ist diejenige Druckkraft, bei der im Werkstoff des Stabs mit dem Querschnitt A vollplastischer Zustand erreicht wird. Als Widerstandsgröße kann die Streckgrenze R_e oder die obere Streckgrenze R_{eH} eingesetzt werden.

Normalkraft $F_{pl} = R_e A$ in kN für ausgewählte Walzprofile

Profil	A mm²	F_{pl} [1)] kN	F_{pl} [2)] kN	Profil	A mm²	F_{pl} [1)] kN	F_{pl} [2)] kN	Profil	A mm²	F_{pl} [1)] kN	F_{pl} [2)] kN
L40×6	448	96	105	IPE 80	764	164	180	U50	712	153	167
L50×6	569	122	134	IPE 100	1000	215	235	U80	1100	237	259
L60×6	691	149	162	IPE 120	1320	284	310	U100	1350	290	317
L70×7	940	202	221	IPE 140	1640	353	385	U140	2040	439	479
L80×8	1230	264	289	IPE 160	2010	432	472	U160	2400	516	564
L80×10	1510	325	355	IPE 180	2390	514	562	U180	2800	602	658
L90×9	1550	333	364	IPE 200	2850	613	670	U200	3220	692	757
L100×10	1920	413	451	IPE 220	3340	718	785	U220	3740	804	879
L120×13	2970	639	698	IPE 240	3910	841	919	U240	4230	909	994
L140×15	4000	860	940	IPE 270	4590	987	1079	U260	4830	1038	1135
L150×16	4570	983	1074	IPE 300	5380	1157	1264	U280	5330	1146	1253
L160×19	5750	1236	1351	IPE 360	7270	1563	1708	U300	5880	1264	1382
L180×18	6190	1331	1455	IPE 400	8450	1817	1986	U350	7730	1662	1817
L200×20	7640	1643	1795	IPE 500	11600	2494	2726	U400	9150	1967	2150

[1)] mit $R_e = 215$ N/mm² gerechnet, [2)] mit $R_e = 235$ N/mm² gerechnet

11. Stabilitätsnachweis

Zum Abschluss der Rechnung ist mit der Stabilitäts- Hauptgleichung $F/(\kappa F_{pl}) \leq 1$ die zulässige Querschnittswahl nachzuweisen oder mit einem anderen Profil bzw. einem anderen Stabquerschnitt die Prüfung zu wiederholen.

Zulässige Spannungen im Stahlhochbau in N/mm² für Stahlbauteile:

Spannungsart	Werkstoff					
	S235JR		S355JO		E360	
	Lastfall					
	H	HZ	H	HZ	H	HZ
Druck und Biegedruck, wenn ein Stabilitätsnachweis nach DIN EN 1993-1-1 erforderlich ist	140	160	210	240	410	460
Zug und Biegezug, Biegedruck, wenn ein Stabilitätsnachweis nach DIN EN 1993-1-1 erforderlich ist	160	180	240	270	410	460
Schub	92	104	139	156	240	270

Lastfall H: alle Hauptlasten
Lastfall HZ: alle Haupt-und Zusatzlasten

5.9 Zusammengesetzte Beanspruchung

Biegung und Zug/Druck

resultierende Zug-(Druck-)Spannung

$$\sigma_{\text{res Zug}} = \frac{M_b}{W} + \frac{F}{A} = \sigma_{bz} + \sigma_z$$

$$\sigma_{\text{res Druck}} = \frac{M_b}{W} - \frac{F}{A} = \sigma_{bd} - \sigma_z$$

σ	F	A	M_b	W
$\frac{\text{N}}{\text{mm}^2}$	N	mm²	Nmm	mm³

Biegung und Torsion (bei Wellen mit Kreisquerschnitt und Kreisringquerschnitt)

Vergleichsspannung

$$\sigma_v = \sqrt{\sigma_b^2 + 3\,(\alpha_0\,\tau_t)^2}$$

$$\alpha_0 = \text{Anstrengungsverhältnis} = \frac{\sigma_{b\,zul}}{1{,}73\,\tau_{t\,zul}}$$

Vergleichsmoment

$$M_v = \sqrt{M_b^2 + 0{,}75\,(\alpha_0\,M_T)^2}$$

$\alpha_0 \approx 1$, wenn σ_b und τ_t im gleichen Belastungsfall

$\alpha_0 \approx 0{,}7$, wenn σ_b wechselnd (III) und τ_t schwellend (II) oder ruhend (I)

erforderlicher Wellendurchmesser

$$d_{erf} = \sqrt[3]{\frac{32\,M_v}{\pi\,\sigma_{b\,zul}}}$$

erforderlicher Wellenaußendurchmesser für den Kreisringquerschnitt

$$D_{erf} = \sqrt[3]{\frac{32\,M_v}{\pi\,\sigma_{b\,zul}\left(1-q^4\right)}}$$

$$q = \frac{d}{D} \quad \textit{Bauverhältnis}$$

σ	α_0, q	M_v, M_b, M_T	d
$\frac{\text{N}}{\text{mm}^2}$	1	Nmm	mm

5.10 Kerbspannung

Spannungsspitze infolge Kerbwirkung

$\sigma_{max} = \sigma_n \, \alpha_k$

σ_{max} Spannungsspitze im Kerbgrund
σ_n rechnerische (Nenn-)spannung
α_k Kerbformzahl (5.19)

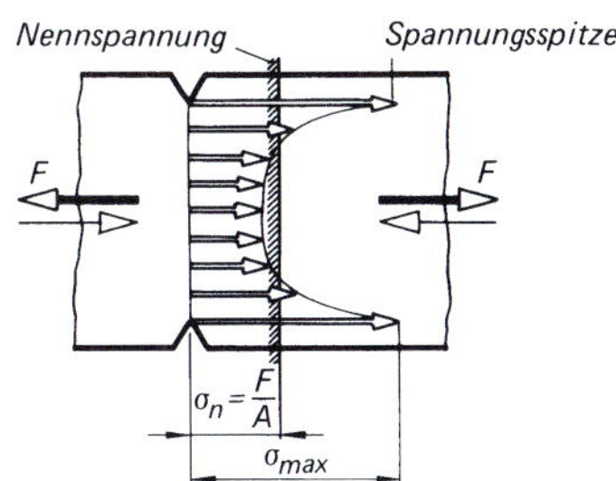

5.11 Dauerbruchsicherheit im Maschinenbau

Sicherheit S_D bei ruhender Belastung

$$S_D = \frac{R_e}{\sigma_n} = \frac{R_{p0,2}}{\sigma_n} \geq S_{min} = 1{,}5$$

gilt für Stahl (σ_n Nennspannung)

$$S_D = \frac{R_m}{\sigma_n} \geq S_{min} = 2{,}0$$

(gilt für Gusseisen)

Zugehöriger Festigkeitswert ist für Baustahl die Streckgrenze R_e des verwendeten Werkstoffs und die vorliegenden Beanspruchungsart (Zug, Druck, Biegung, Torsion). Bei festeren Stahlsorten wie Vergütungsstahl tritt an die Stelle der Streckgrenze die 0,2 %-Dehngrenze $R_{p\,0,2}$ (siehe Tabelle 5.17). σ_n ist die Nennspannung.

Bei Werkstoffen ohne ausgeprägte Fließgrenze wie Gusseisen werden die Zugfestigkeit R_m und die Bruchfestigkeiten σ_{dB}, σ_{bB} aus Tabelle 5.18 verwendet.

Sicherheit S_D bei dynamischer Belastung

$$S_D = \frac{\sigma_D \, b_1 \, b_2}{\beta_k \, \sigma_n} \geq S_{min} = 1{,}2$$

(für Bauteile mit Kerbwirkung)

σ_n Nennspannung
b_1 Oberflächenbeiwert, siehe Diagramm 5.20
b_2 Größenbeiwert, siehe Diagramm 5.20
β_k Kerbwirkungszahl siehe Tabelle 5.19

Der zugehörige Festigkeitswert ist die Dauerfestigkeit σ_D des verwendeten Werkstoffs bei der vorliegenden Beanspruchungsart (Zug, Druck, Biegung, Torsion). Bei festeren Stahlsorten wie Vergütungsstahl tritt an die Stelle der Streckgrenze die 0,2 %-Dehngrenze $R_{p\,0,2}$ (siehe Tabelle 5.17). σ_n ist die Nennspannung. Die Dauerfestigkeit σ_D des Probestabs wird durch die Faktoren b_1, b_2, β_k verringert.

Dauerfestigkeitswerte σ_D in Tabelle 5.17 und 5.18. Kerbwirkungszahlen β_k sowie Oberflächenbeiwert b_1 und Größenbeiwert b_2 in 5.19 und 5.20.

5.12 Stützkräfte, Biegemomente und Durchbiegungen bei Biegeträgern mit gleichbleibendem Querschnitt

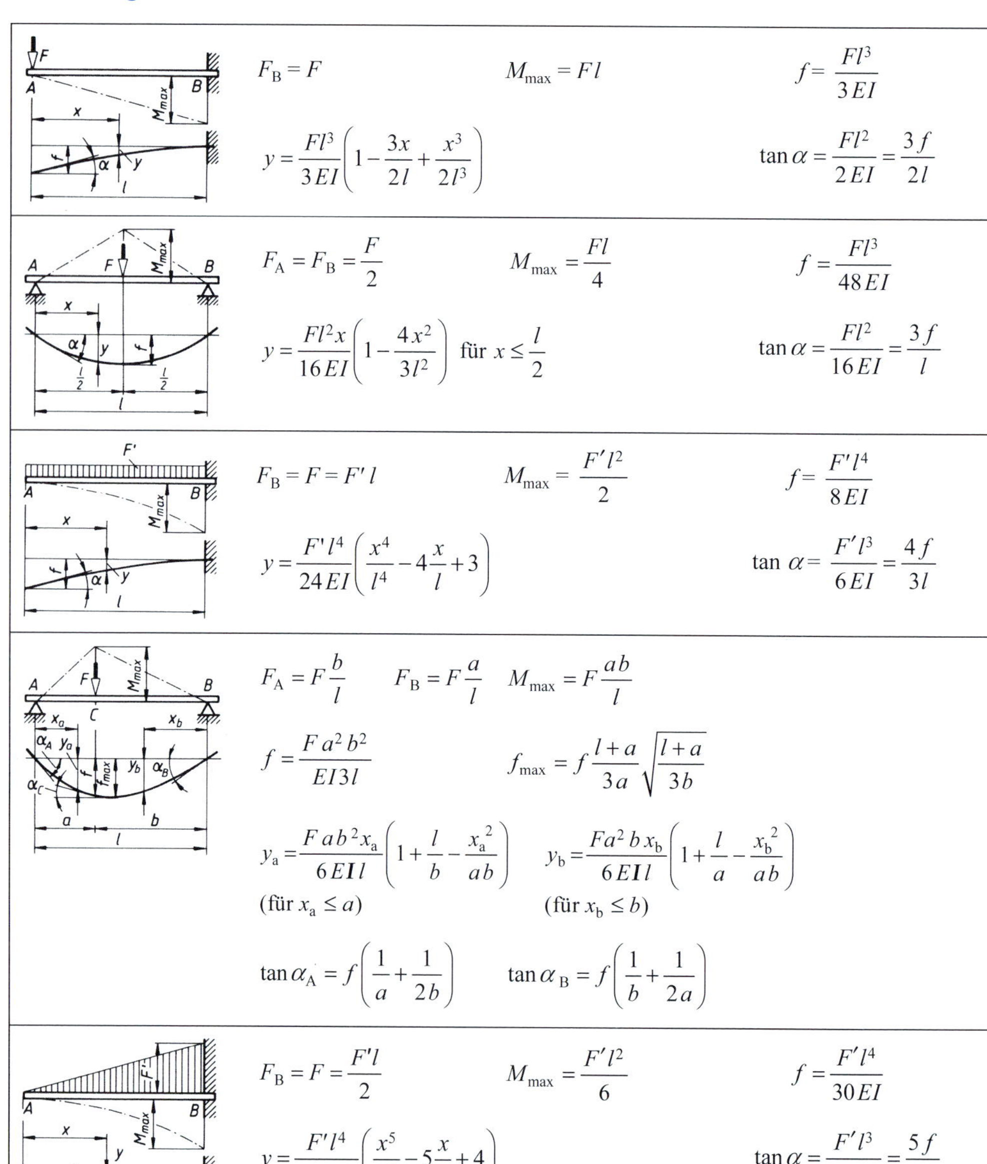

$$F_B = F \qquad M_{max} = F l \qquad f = \frac{F l^3}{3EI}$$

$$y = \frac{F l^3}{3EI}\left(1 - \frac{3x}{2l} + \frac{x^3}{2l^3}\right) \qquad \tan\alpha = \frac{F l^2}{2EI} = \frac{3f}{2l}$$

$$F_A = F_B = \frac{F}{2} \qquad M_{max} = \frac{F l}{4} \qquad f = \frac{F l^3}{48 EI}$$

$$y = \frac{F l^2 x}{16 EI}\left(1 - \frac{4x^2}{3l^2}\right) \text{ für } x \le \frac{l}{2} \qquad \tan\alpha = \frac{F l^2}{16 EI} = \frac{3f}{l}$$

$$F_B = F = F' l \qquad M_{max} = \frac{F' l^2}{2} \qquad f = \frac{F' l^4}{8EI}$$

$$y = \frac{F' l^4}{24 EI}\left(\frac{x^4}{l^4} - 4\frac{x}{l} + 3\right) \qquad \tan\alpha = \frac{F' l^3}{6EI} = \frac{4f}{3l}$$

$$F_A = F\frac{b}{l} \qquad F_B = F\frac{a}{l} \qquad M_{max} = F\frac{ab}{l}$$

$$f = \frac{F a^2 b^2}{EI 3 l} \qquad f_{max} = f\frac{l+a}{3a}\sqrt{\frac{l+a}{3b}}$$

$$y_a = \frac{F a b^2 x_a}{6 EI l}\left(1 + \frac{l}{b} - \frac{x_a^2}{ab}\right) \text{ (für } x_a \le a) \qquad y_b = \frac{F a^2 b x_b}{6 EI l}\left(1 + \frac{l}{a} - \frac{x_b^2}{ab}\right) \text{ (für } x_b \le b)$$

$$\tan\alpha_A = f\left(\frac{1}{a} + \frac{1}{2b}\right) \qquad \tan\alpha_B = f\left(\frac{1}{b} + \frac{1}{2a}\right)$$

$$F_B = F = \frac{F' l}{2} \qquad M_{max} = \frac{F' l^2}{6} \qquad f = \frac{F' l^4}{30 EI}$$

$$y = \frac{F' l^4}{120 EI}\left(\frac{x^5}{l^5} - 5\frac{x}{l} + 4\right) \qquad \tan\alpha = \frac{F' l^3}{24 EI} = \frac{5f}{4l}$$

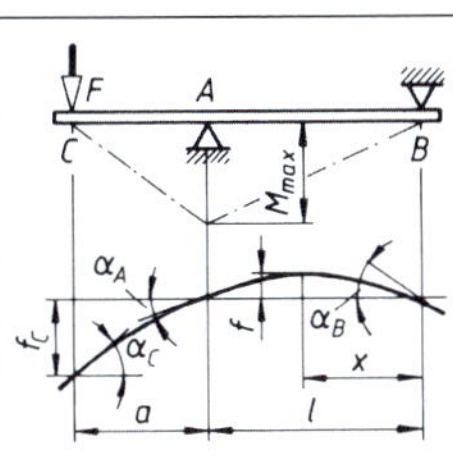

$$F_A = F\left(1+\frac{a}{l}\right) \qquad F_B = F\frac{a}{l} \qquad M_{max} = F\,a = M_A$$

$$f = \frac{F\,l^3\,a}{EI9\sqrt{3}\,l} \quad \text{für } x = 0{,}577\,l \qquad f_C = \frac{F\,l^3 a^2}{3EIl^2}\left(1+\frac{a}{l}\right)$$

$$\tan\alpha_A = \frac{F\,a\,l}{3EI} \qquad \tan\alpha_B = \frac{F\,a\,l}{6EI} \qquad \tan\alpha_C = \frac{F\,a(2l+3a)}{6EI}$$

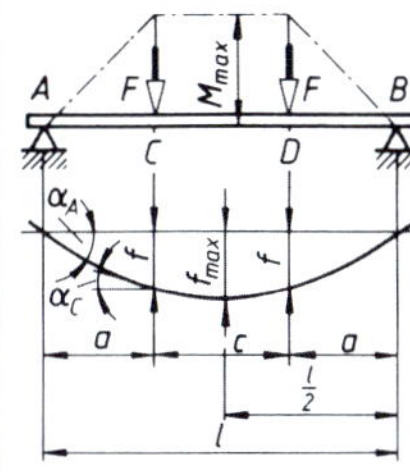

$$F_A = F_B = F \qquad M_{max} = F\,a$$

$$f = \frac{F\,l^3 a^2}{2EIl^2}\left(1-\frac{4a}{3l}\right) \qquad f_{max} = \frac{F\,l^3 a}{8EIl}\left(1-\frac{4a^2}{3l^2}\right)$$

$$\tan\alpha_A = \frac{F\,a(a+c)}{2EI} \qquad \tan\alpha_C = \tan\alpha_D = \frac{F\,a\,c}{2EI}$$

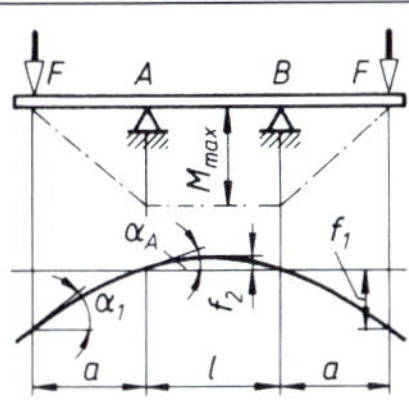

$$F_A = F_B = F \qquad M_{max} = F\,a$$

$$f_1 = \frac{F\,a^2}{EI}\left(\frac{a}{3}+\frac{l}{2}\right) \qquad f_2 = \frac{F\,a\,l^2}{8EI}$$

$$\tan\alpha_1 = \frac{F\,a(l+c)}{2EI} \qquad \tan\alpha_A = \frac{F\,a\,l}{2EI}$$

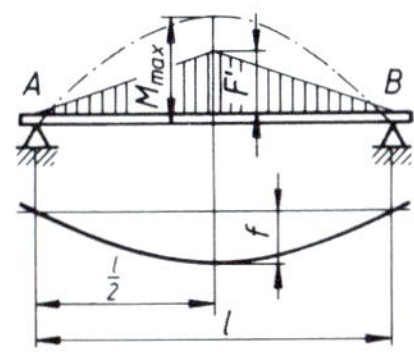

$$F_A = F_B = \frac{F'l}{4} \qquad M_{max} = \frac{F'l^2}{12}$$

$$f = \frac{F'l^4}{120\,EI}$$

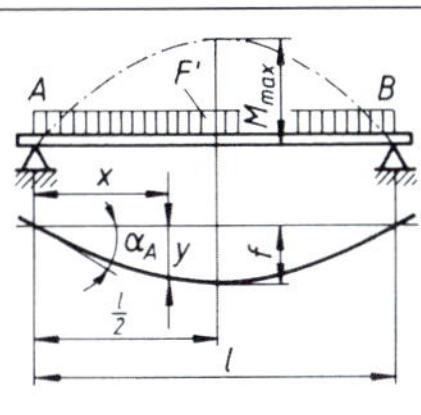

$$F_A = F_B = \frac{F'l}{2} \qquad M_{max} = \frac{F'l^2}{8}$$

$$f = \frac{5}{384}\cdot\frac{F'l^4}{EI} \qquad y = \frac{F'l^3 x}{24EI}\left(1-\frac{x}{l}\right)\left(1+\frac{x}{l}-\frac{x^2}{l^2}\right)$$

$$\tan\alpha_A = \frac{F'l^3}{24EI} = \frac{16f}{5l}$$

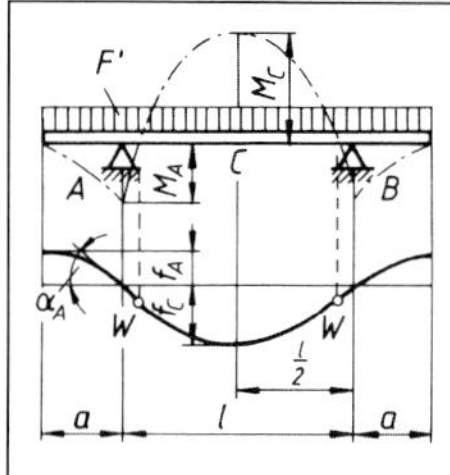

$$F_A = F_B = F'\left(\frac{l}{2} + a\right) \qquad M_A = \frac{F'a^2}{2} \qquad M_C = \frac{F'l^2}{2}\left[\frac{1}{4} - \left(\frac{a}{l}\right)^2\right]$$

$$f_A = \frac{F'l^4}{4EI}\left[\frac{a}{6l} - \left(\frac{a}{l}\right)^3 - \frac{1}{2}\left(\frac{a}{l}\right)^4\right] \qquad f_C = \frac{F'l^4}{16EI}\left[\frac{5}{24} - \left(\frac{a}{l}\right)^2\right]$$

$$\tan\alpha_A = \frac{F'l^3}{4EI}\left[\frac{1}{6} - \left(\frac{a}{l}\right)^2\right]$$

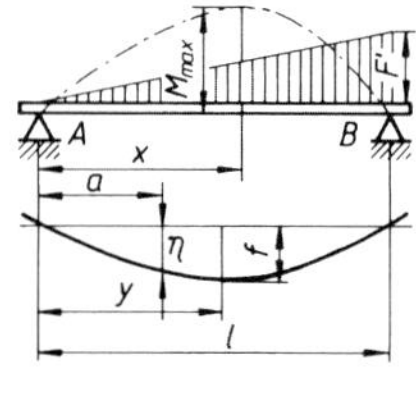

$$F_A = \frac{F'l}{6} \quad F_B = \frac{F'l}{3} \qquad M_{max} = 0{,}064\,F'l^2 \text{ bei } x = 0{,}5774\,l$$

$$f = \frac{F'l^4}{153{,}4\,EI} \text{ bei } y = 0{,}5193\,l$$

$$\eta = \frac{F'l^3a}{360\,EI}\left(1 - \frac{a^2}{l^2}\right)\left(7 - 3\frac{a^2}{l^2}\right)$$

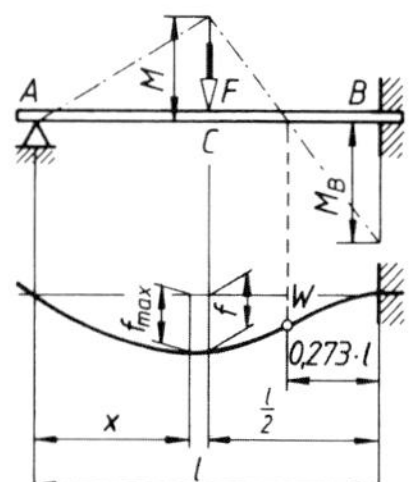

F in Stabmitte

$$F_A = \frac{5}{16}F \quad F_B = \frac{11}{16}F \quad M = \frac{5}{32}Fl \quad M_B = \frac{3}{16}Fl$$

$$f = \frac{7Fl^3}{768EI} \qquad f_{max} = \frac{Fl^3}{48\sqrt{5}\,EI} \text{ bei } x = 0{,}447\,l$$

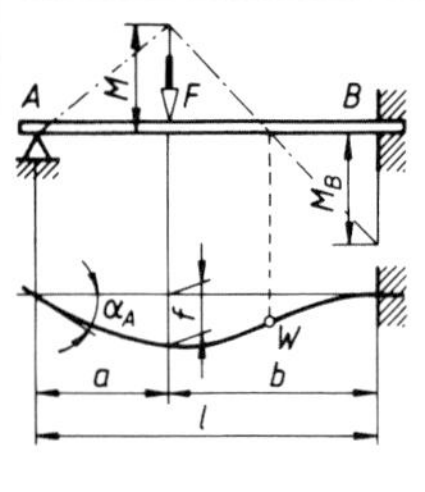

$$F_A = F\frac{b^2}{l^2}\left(1 + \frac{a}{2l}\right) \qquad F_B = F - F_A$$

$$M = Fa\left[1 + \frac{1}{2}\left(\frac{a}{b}\right)^3 - \frac{3a}{2l}\right] \qquad M_B = \frac{Fl}{2}\left[\frac{a}{l} - \left(\frac{a}{l}\right)^3\right]$$

$$f = \frac{Fa^2b^3}{4EIl^2}\left(1 + \frac{a}{3l}\right) \qquad \tan\alpha_A = \frac{Fab^2}{4EIl}$$

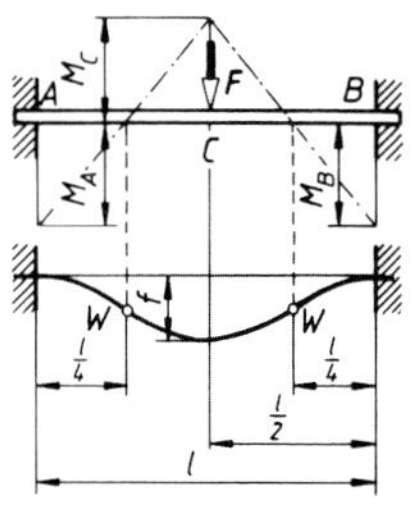

$$F_A = F_B = \frac{F}{2}$$

$$M_C = \frac{Fl}{8} = M_A = M_B$$

$$f = \frac{Fl^3}{192EI}$$

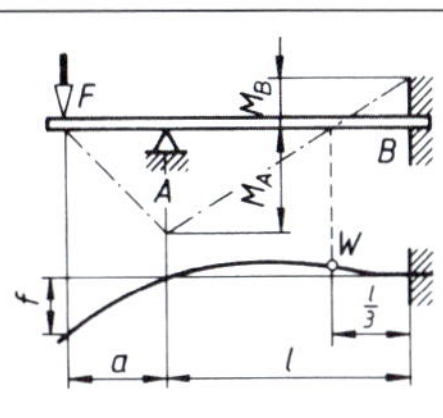

$$F_A = F\left(1 + \frac{3a}{2l}\right) \qquad F_B = F\frac{3a}{2l}$$

$$M_A = F\,a \qquad M_B = \frac{F\,a}{2}$$

$$f = \frac{F\,l^3}{EI}\left[\frac{1}{3}\left(\frac{a}{l}\right)^3 + \frac{1}{4}\left(\frac{a}{l}\right)^2\right]$$

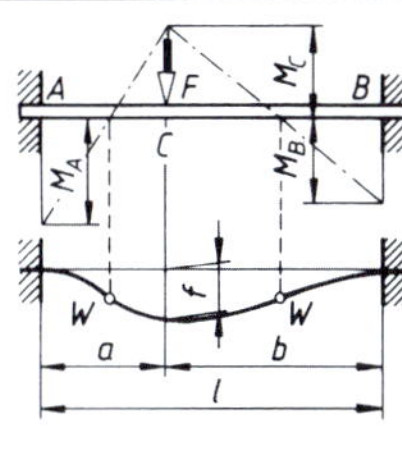

$$F_A = F\left(\frac{b}{l}\right)^2\left(3 - 2\frac{b}{l}\right) \qquad F_B = F\left(\frac{a}{l}\right)^2\left(3 - 2\frac{a}{l}\right)$$

$$M_A = F\,a\left(\frac{b}{l}\right)^2 \qquad M_B = F\,b\left(\frac{a}{l}\right)^2 \qquad M_C = 2Fb\left(\frac{a}{l}\right)^2\left(1 - \frac{a}{l}\right)$$

$$f = \frac{Fa^3b^3}{3EIl^3}$$

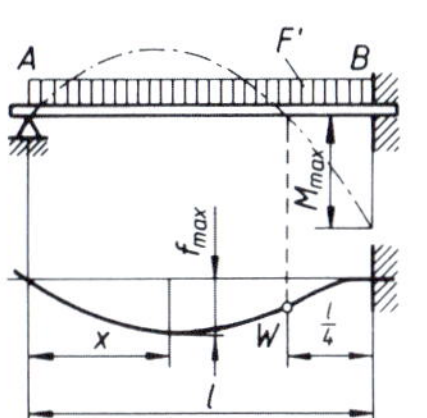

$$F_A = \frac{3}{8}F'l \qquad F_B = \frac{5}{8}F'l$$

$$M_{\max} = \frac{F'l^2}{8}$$

$$f_{\max} = \frac{F'l^4}{185\,EI} \quad \text{für } x = 0{,}4215\,l$$

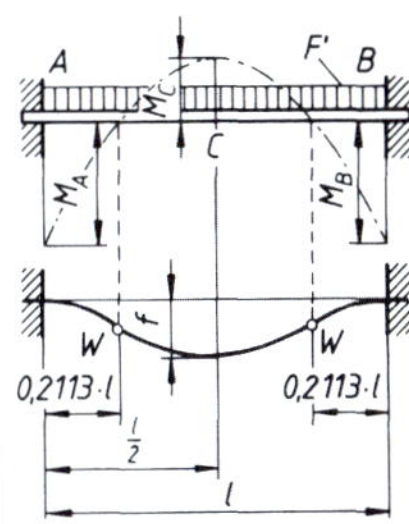

$$F_A = F_B = \frac{F'l}{2}$$

$$M_A = M_B = \frac{F'l^2}{12} = M_{\max} \qquad M_C = \frac{F'l^2}{24}$$

$$f = \frac{F'l^4}{384\,EI}$$

5.13 Axiale Flächenmomente 2. Grades, Widerstandsmomente für Biegung und Knickung

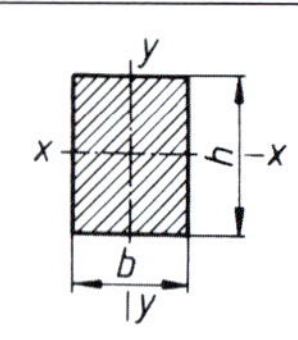	$I_x = \dfrac{b h^3}{12}$ $W_x = \dfrac{b h^2}{6}$ $i_x = 0{,}289\, h$	$I_y = \dfrac{h b^3}{12}$ $W_y = \dfrac{h b^2}{6}$ $i_y = 0{,}289\, b$	
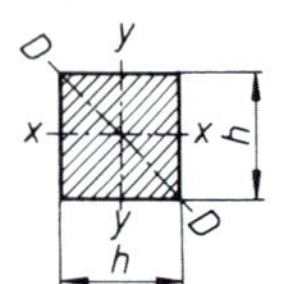	$I_x = I_y = I_D = \dfrac{h^4}{12}$ $W_x = W_y = \dfrac{h^3}{6}$	$i = 0{,}289\, h$ $W_D = \sqrt{2}\,\dfrac{h^3}{12}$	
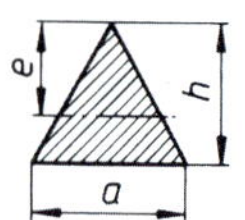	$I = \dfrac{a h^3}{36}$ $W = \dfrac{a h^2}{24}$	$e = \dfrac{2}{3} h$ $i = 0{,}236\, h$	
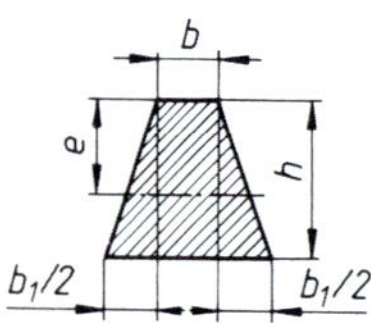	$I = \dfrac{6b^2 + 6bb_1 + b_1^2}{36(2b + b_1)} h^3$ $W = \dfrac{6b^2 + 6bb_1 + b_1^2}{12(3b + 2b_1)} h^2$	$e = \dfrac{1}{3}\,\dfrac{3b + 2b_1}{2b + b_1} h$ $i = \sqrt{\dfrac{I}{A}}$	
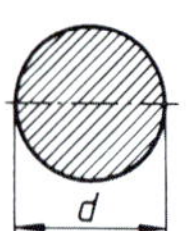	$I = \dfrac{\pi d^4}{64} \approx \dfrac{d^4}{20}$ $W = \dfrac{\pi d^3}{32} \approx \dfrac{d^3}{10}$	$i = \dfrac{d}{4}$	
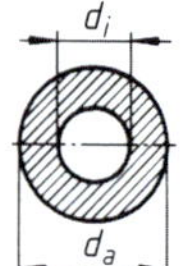	$I = \dfrac{\pi}{64}(d_a^4 - d_i^4)$ $W = \dfrac{\pi}{32}\,\dfrac{d_a^4 - d_i^4}{d_a} \approx \dfrac{d_a^4 - d_i^4}{10 d_a}$	$i = 0{,}25\sqrt{d_a^2 + d_i^2}$	
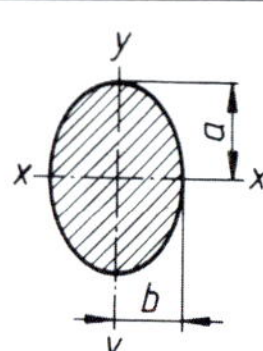	$I_x = \dfrac{\pi a^3 b}{4}$ $W_x = \dfrac{\pi a^2 b}{4}$	$I_y = \dfrac{\pi b^3 a}{4}$ $W_y = \dfrac{\pi b^2 a}{4}$	$i_x = \dfrac{a}{2}$ $i_y = \dfrac{b}{2}$

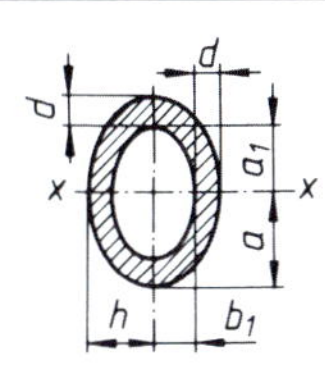	$I_x = \frac{\pi}{4}(a^3 b - a_1^3 b_1) \approx \frac{\pi}{4} a^2 d(a+3b)$ $W_x = \frac{I_x}{a} \approx \frac{\pi}{4} a d(a+3b)$ $\quad i_x = \sqrt{\frac{I_x}{A}}$
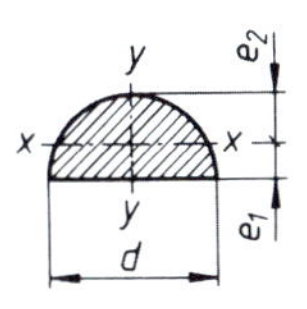	$I_x = 0{,}0068\, d^4$ $\quad I_y = 0{,}0245\, d^4$ $W_{x1} = 0{,}0238\, d^3$ $\quad W_{x2} = 0{,}0323\, d^3$ $W_y = 0{,}049\, d^3$ $\quad i_x = 0{,}132\, d$ $e_1 = \frac{4r}{3\pi} = 0{,}4244\, r$
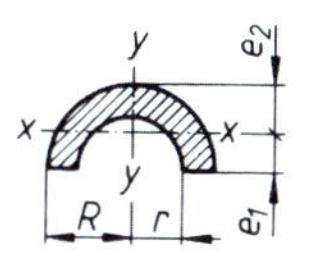	$I_x = 0{,}1098(R^4 - r^4) - 0{,}283 R^2 r^2 \frac{R-r}{R+r}$ $\quad e_1 = \frac{2(D^3 - d^3)}{3\pi(D^2 - d^2)}$ $I_y = \pi \frac{R^4 - r^4}{8}$ $\quad W_y = \frac{\pi(R^4 - r^4)}{8R}$ $W_{x1} = \frac{I_x}{e_1}$ $\quad W_{x2} = \frac{I_x}{e_2}$
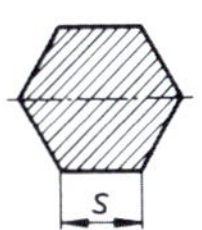	$I = \frac{5\sqrt{3}}{16} s^4 = 0{,}5413\, s^4$ $W = \frac{5}{8} s^3 = 0{,}625\, s^3$ $\quad i = 0{,}456\, s$
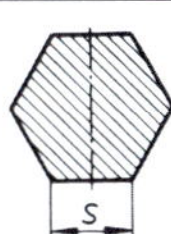	$I = \frac{5\sqrt{3}}{16} s^4 = 0{,}5413\, s^4$ $W = 0{,}5413\, s^3$ $\quad i = 0{,}456\, s$
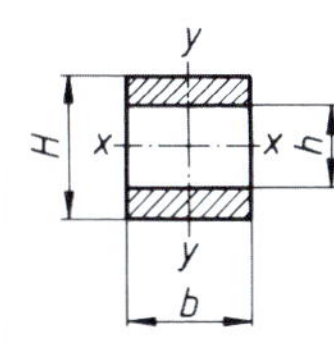	$I_x = \frac{b}{12}(H^3 - h^3)$ $\quad I_y = \frac{b^3}{12}(H - h)$ $W_x = \frac{b}{6H}(H^3 - h^3)$ $\quad W_y = \frac{b^2}{6}(H - h)$ $i_x = \sqrt{\frac{H^3 - h^3}{12(H-h)}}$ $\quad I_y = 0{,}289\, b$
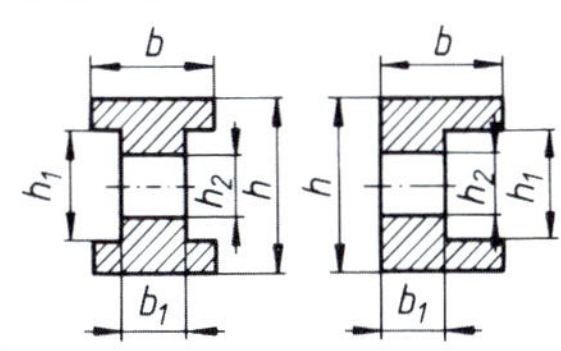	$I = \frac{b(h^3 - h_1^3) + b_1(h_1^3 - h_2^3)}{12}$ $\quad A = bh - b_1 h_2 - h_1(b - b_1)$ $W = \frac{b(h^3 - h_1^3) + b_1(h_1^3 - h_2^3)}{6h}$ $\quad i = \sqrt{\frac{I}{A}}$
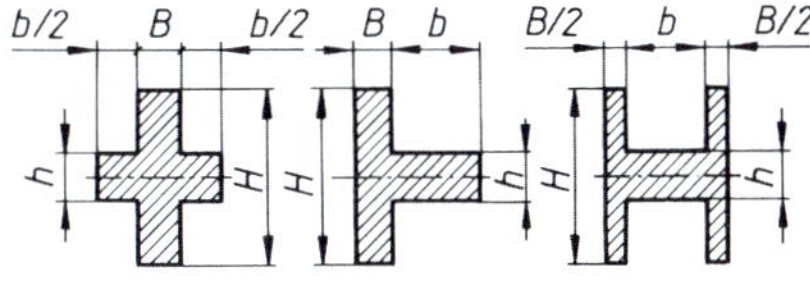	$I = \frac{BH^3 + bh^3}{12}$ $\quad A = BH + bh$ $W = \frac{BH^3 + bh^3}{6H}$ $\quad i = \sqrt{\frac{I}{A}}$

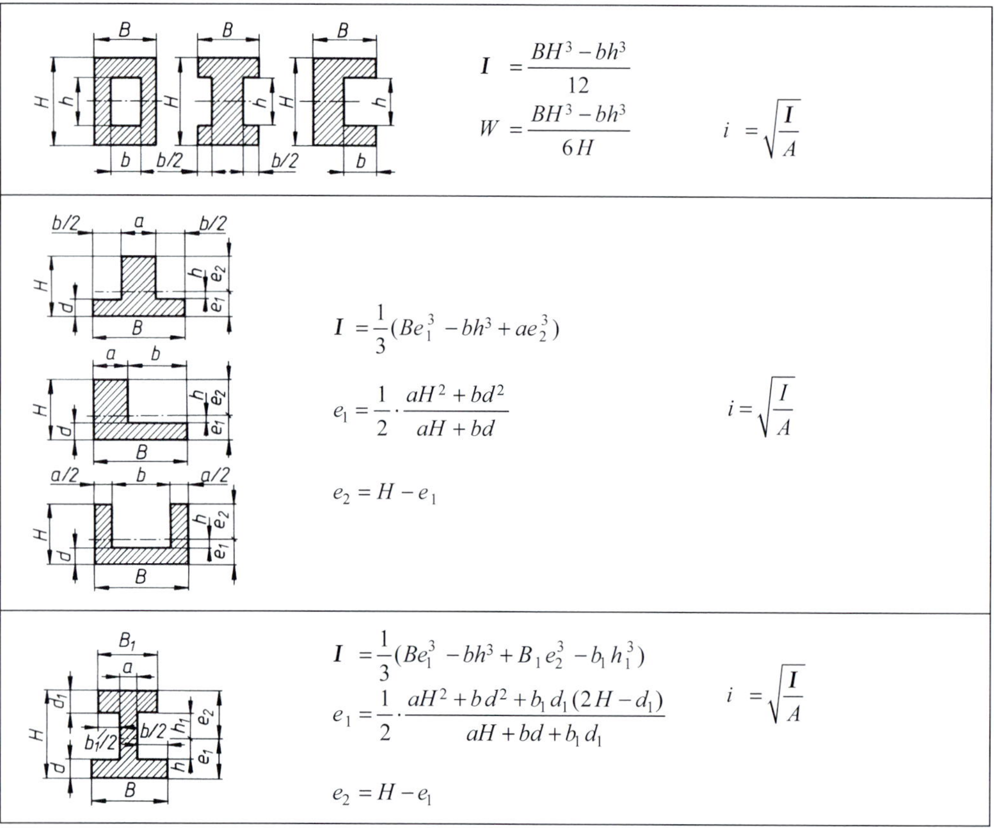

5.14 Polare Flächenmomente 2. Grades, Widerstandsmomente für Torsion[1]

Form des Querschnitts	Widerstandsmoment W_p Torsions-Widerstandsmoment W_t	Flächenmoment I_p Torsions-Flächenmoment I_t	Bemerkungen
Vollkreis, d	$W_t = W_p = \frac{\pi}{16} d^3 \approx \frac{d^3}{5} \approx 0{,}2 d^3$	$I_t = I_p = \frac{\pi}{32} d^4 \approx \frac{d^4}{10} \approx 0{,}1 d^4$	τ_{max} am Umfang
Kreisring, d_i, d_a	$W_t = W_p = \frac{\pi}{16} \cdot \frac{d_a^4 - d_i^4}{d_a}$	$I_t = I_p = \frac{\pi}{32}(d_a^4 - d_i^4)$	τ_{max} am Umfang

[1] Der Torsion nicht kreisförmiger Querschnitte liegen andere schwierigere Gleichungen zugrunde als beim Kreis- oder Kreisringquerschnitt. Zur klaren Unterscheidung werden benannt: I_t Torsionsflächenmoment, W_t Torsionswiderstandsmoment. Es gelten die Gleichungen: Torsionsspannung $\tau_{t\,max} = M_T / W_t$; Verdrehwinkel $\varphi = M_T l / (G I_t)$.

Form des Querschnitts	Widerstandsmoment W_p Torsions-Widerstandsmoment W_t	Flächenmoment I_p Torsions-Flächenmoment I_t	Bemerkungen
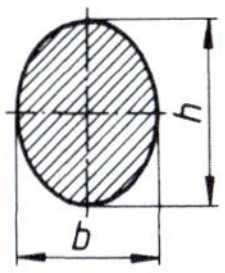 Ellipse (b, h)	$W_t = \frac{\pi}{16} n b^3$ $\frac{h}{b} = n > 1$	$I_t = \frac{\pi}{16} \cdot \frac{n^3 b^4}{n^2 + 1}$	τ_{max} an den Endpunkten der kleinen Achse
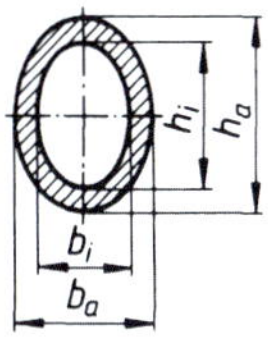 Hohlellipse (b_i, b_a, h_i, h_a)	$\frac{h_a}{b_a} = \frac{h_i}{b_i} = n > 1$ $\quad \frac{h_i}{h_a} = \frac{b_i}{b_a} = \alpha < 1$ $W_t = \frac{\pi}{16} n b_a^3 \, (1 - \alpha^4)$	$I_t = \frac{\pi}{16} \cdot \frac{n^3}{n^2 + 1} \cdot b_a^4 \, (1 - \alpha^4)$	τ_{max} an den Endpunkten der kleinen Achse
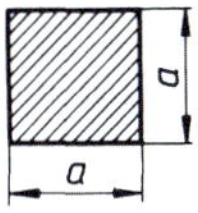 Quadrat (a)	$W_t = 0{,}208\, a^3$	$I_t = 0{,}141\, a^4$	τ_{max} in der Mitte der Seiten
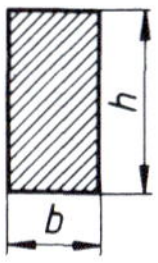 Rechteck (b, h)	$\frac{h}{b} = n > 1$ $W_t = c_1 b^3$	$I_t = c_2 b^4$	τ_{max} in der Mitte der langen Seiten

n	1	1,5	2	3	4	6	8	10
c_1	0,208	0,346	0,493	0,801	1,150	1,789	2,456	3,123
c_2	0,1404	0,2936	0,4572	0,7899	1,1232	1,789	2,456	3,123

Form des Querschnitts	Widerstandsmoment W_p Torsions-Widerstandsmoment W_t	Flächenmoment I_p Torsions-Flächenmoment I_t	Bemerkungen
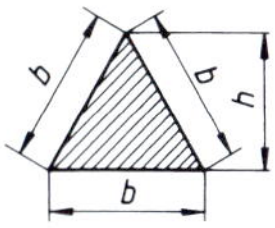 Gleichseitiges Dreieck (b, h)	$W_t = 0{,}05\, b^3 = \frac{h^3}{13}$ $W_t = \frac{h^3}{13} = \frac{2\, I_t}{h}$	$I_t = \frac{h^4}{26}$ $I_t = \frac{b^4}{46{,}2}$	τ_{max} in der Mitte der Seiten
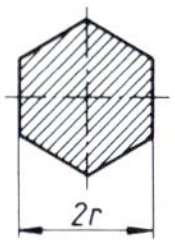 Sechseck (2r)	$W_t = 0{,}436\, r\, A$ $W_t = 1{,}511\, r^3$ A Querschnittsfläche	$I_t = 0{,}553\, r^2 A$ $I_t = 1{,}847\, r^4$	τ_{max} in der Mitte der Seiten
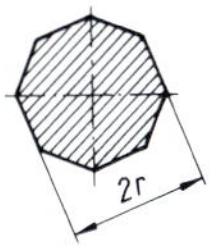 Achteck (2r)	$W_t = 0{,}447\, r\, A$ $W_t = 1{,}481\, r^3$ A Querschnittsfläche	$I_t = 0{,}520\, r^2 A$ $I_t = 1{,}726\, r^4$	τ_{max} in der Mitte der Seiten

Form des Querschnitts	Widerstandsmoment W_p Torsions-Widerstandsmoment W_t	Flächenmoment I_p Torsions-Flächenmoment I_t	Bemerkungen
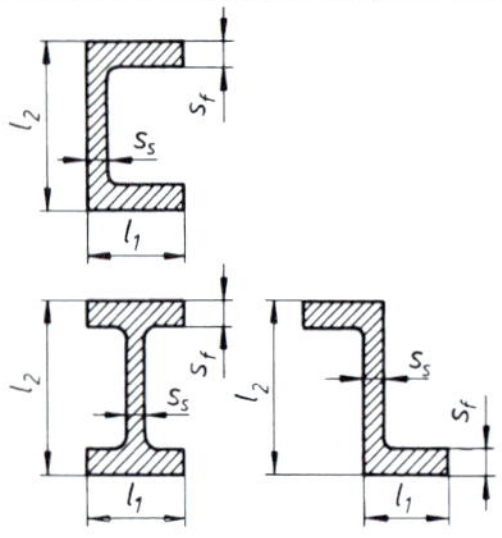 l_2, s_s, s_f, l_1	$W_t = \frac{1}{3} \cdot \frac{l_{t1} s_f^3 + l_{t2} s_s^3}{s_f}$ $W_t = \frac{I_t}{s_f}$ [L : $l_{t1} = 2\,l_1 - s_f$ $l_{t2} = l_2 - 1{,}6\,s_f$ I : $l_{t1} = 2l_1 - 1{,}26\,s_f$ $l_{t2} = l_2 - 1{,}67\,s_f + 1{,}76\,s_f$	$I_t = \frac{1}{3} \cdot (l_{t1} s_f^3 + l_{t2} s_s^3)$	τ_{max} in den langen Seiten der Flansche

5.15 Träger gleicher Biegebeanspruchung

Längs- und Querschnitt des Trägers	Begrenzung des Längsschnitts	Gleichungen zur Berechnung der Querschnitts-Abmessungen
Die Last F greift am Ende des Trägers an:		
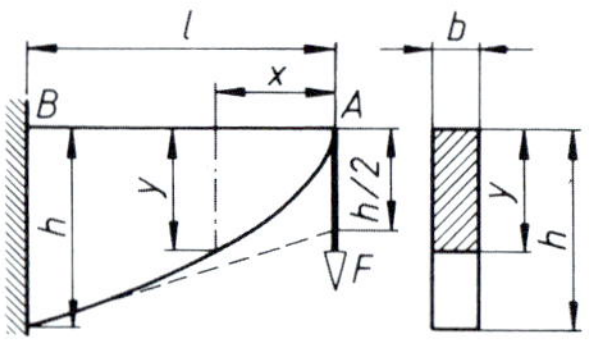 l, x, b, B, A, h, y, $h/2$, F	obere Begrenzung: Gerade untere Begrenzung: quadratische Parabel	$y = \sqrt{\frac{6F}{b\sigma_{b\,zul}} x}$; $h = \sqrt{\frac{6Fl}{b\sigma_{b\,zul}}}$; $y = h\sqrt{\frac{x}{l}}$ Durchbiegung in A: $f = \frac{8F}{bE}\left(\frac{l}{h}\right)^3$
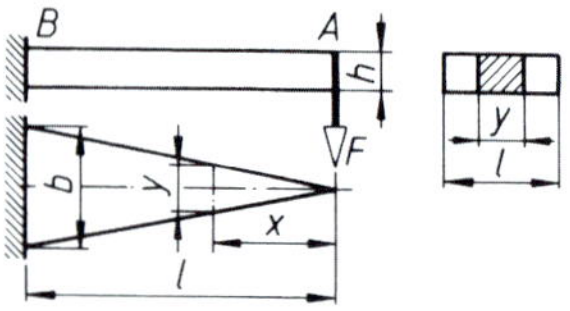 B, A, h, F, b, y, x, l	Gerade	$y = \frac{6F}{h^2 \sigma_{b\,zul}} x$; $b = \frac{6Fl}{h^2 \sigma_{b\,zul}}$; $y = \frac{bx}{l}$ Durchbiegung in A: $f = \frac{6F}{bE}\left(\frac{l}{h}\right)^3$
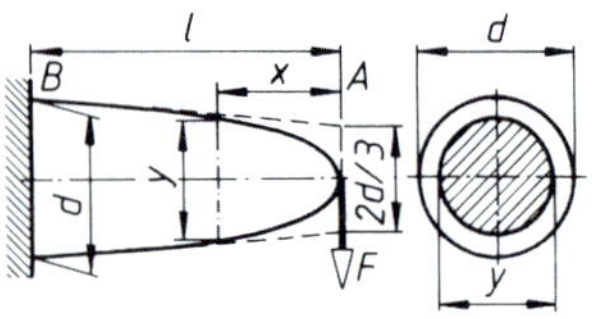 l, x, d, B, A, y, $2d/3$, F	kubische Parabel	$y = \sqrt[3]{\frac{32F}{\pi\sigma_{b\,zul}} x}$; $d = \sqrt[3]{\frac{32Fl}{\pi\sigma_{b\,zul}}}$; $y = d\sqrt[3]{\frac{x}{l}}$ Durchbiegung in A $f = \frac{3}{5} \cdot \frac{Fl^3}{EI}$; $I = \frac{\pi d^4}{64}$

Längs- und Querschnitt des Trägers	Begrenzung des Längsschnitts	Gleichungen zur Berechnung der Querschnitts-Abmessungen
Die Last F ist gleichmäßig über den Träger verteilt:		
	Gerade	$y = x\sqrt{\dfrac{3F}{b\,l\,\sigma_{\text{b zul}}}}$; $h = \sqrt{\dfrac{3Fl}{b\,\sigma_{\text{b zul}}}}$; $y = \dfrac{hx}{l}$ $F = F'l$ F' Streckenlast in $\dfrac{\text{N}}{\text{m}}$
	quadratische Parabel	$y = \dfrac{3F}{l\,\sigma_{\text{b zul}}}\left(\dfrac{x}{h}\right)^2$; $b = \dfrac{3Fl}{h^2\,\sigma_{\text{b zul}}}$; $y = \dfrac{bx^2}{l^2}$ Durchbiegung in A: $f = \dfrac{3F}{bE}\left(\dfrac{l}{h}\right)^3$
Die Last F wirkt in C:		
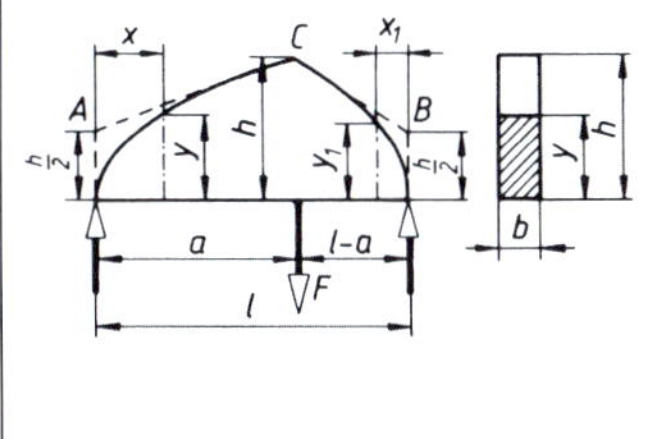	obere Begrenzung: zwei quadratische Parabeln	$y = \sqrt{\dfrac{6F(l-a)}{b\,l\,\sigma_{\text{zul}}}x} = h\sqrt{\dfrac{x}{a}}$ $y_1 = \sqrt{\dfrac{6Fa}{b\,l\,\sigma_{\text{zul}}}x_1} = h\sqrt{\dfrac{x_1}{l-a}}$ $h = \sqrt{\dfrac{6F(l-a)a}{b\,l\,\sigma_{\text{zul}}}}$
Die Last F ist gleichmäßig über den Träger verteilt:		
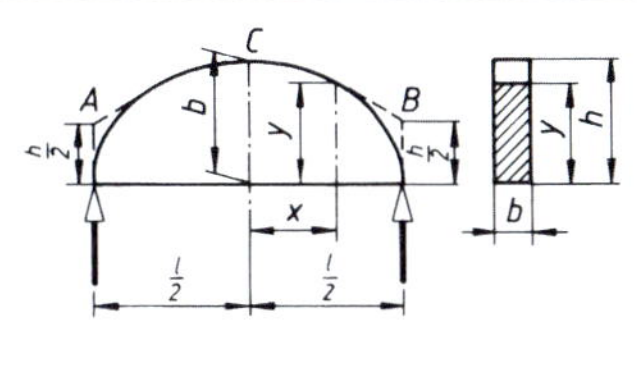	obere Begrenzung: Ellipse	$\dfrac{x^2}{\left(\dfrac{l}{2}\right)^2} + \dfrac{y^2}{h^2} = 1$; $h = \sqrt{\dfrac{3Fl}{4b\,\sigma_{\text{zul}}}}$ Durchbiegung in C: $f = \dfrac{1}{64}\cdot\dfrac{Fl^3}{EI} = \dfrac{3}{16}\cdot\dfrac{F}{bE}\left(\dfrac{l}{h}\right)^3$

5.16 Festigkeitswerte für Walzstahl (Bau- und Feinkornbaustahl)

Werkstoff	Bezeichnung	Erzeugnisdicke t mm	Streckgrenze R_e N/mm²	Zugfestigkeit R_m N/mm²
Baustahl[1]	S235JR	$t \leq 40$	240	360
	S235JRG1 S235JRG2 S235J0	$40 < t \leq 80$	215	
Baustahl[1]	E295	$t \leq 40$	360	510
		$40 < t \leq 80$	325	
Feinkornbaustahl[1]	E355	$t \leq 40$	360	700
		$40 < t \leq 80$	325	

Hinweis: Weitere Festigkeitswerte in DIN EN 1993-1-1. Der Elastizitätsmodul E beträgt für alle Baustähle $E = 210\,000$ N/mm².

[1] Bezeichnungen der Baustähle siehe DIN EN 10025.

5.17 Festigkeitswerte für ausgewählte Stahlsorten[1]

Alle Spannungswerte in N/mm²

Werkstoff	Elastizitätsmodul E	R_m	R_e $R_{p\,0,2}$	$\sigma_{zd\,Sch}$	$\sigma_{zd\,W}$	$\sigma_{b\,Sch}$[5]	$\sigma_{b\,W}$	$\tau_{t\,Sch}$[6]	$\tau_{t\,W}$	Schubmodul G
S235JR	210 000	360	235	158	160	270	180	115	105	80 000
S275JO	210 000	430	275	185	195	320	215	140	125	80 000
E295	210 000	490	295	205	220	370	245	160	145	80 000
S355JO	210 000	510	355	215	230	380	255	165	150	80 000
E335	210 000	590	335	240	265	435	290	200	170	80 000
E360	210 000	690	360	270	310	500	340	220	200	80 000
50CrMo4[2]	210 000	1100	900	385	495	785	525	350	315	80 000
20MnCr5[3]	210 000	1200	850	365	480	765	510	335	305	80 000
34CrAlNi7[4]	210 000	900	680	335	405	650	435	300	260	80 000

[1] Richtwerte für $d_B < 16$ mm

[2] Vergütungsstahl

[3] Einsatzstahl

[4] Nitrierstahl

[5] berechnet mit $1{,}5 \cdot \sigma_{bW}$

[6] berechnet mit $1{,}1 \cdot \tau_{tW}$

5.18 Festigkeitswerte für ausgewählte Gusseisen-Sorten[1)]

Alle Spannungswerte in N/mm²

Werkstoff	Elastizitäts-modul E	R_m	R_e $R_{p\,0,2}$	σ_{dB}	σ_{bB}	$\sigma_{zd\,W}$	$\sigma_{b\,W}$	$\tau_{t\,W}$	Schub-modul G
GJL-150	82 000	150	90	600	250	40	70	60	35 000
GJL-200	100 000	200	130	720	290	50	90	75	40 000
GJL-250	110 000	250	165	840	340	60	120	100	43 000
GJL-300	120 000	300	195	960	390	75	140	120	49 000
GJL-350	130 000	350	228	1 080	490	85	145	125	52 000
GJMW-400-5	175 000	400	220	1 000	800	120	140	115	67 000
GJMB-350-10	175 000	350	200	1 200	700	1 000	120	100	67 000

1) Richtwerte für 15 bis 30 mm Wanddicke; für 8 mm bis 15 mm 10 % höher, für > 30 mm 10 % niedriger, Dauerfestigkeitswerte im bearbeiteten Zustand; für Gusshaut 20 % Abzug.

5.19 Richtwerte für Kerbwirkungszahlen/Kerbformzahlen

Zugfestigkeit R_m in N/mm²

Kerbform	Beanspruchung	R_m	β_k[1)]
Hinterdrehung in Welle (Rundkerbe)	Biegung	600	2,2
Hinterdrehung in Welle (Rundkerbe)	Torsion	600	1,8
Eindrehung für Axial-Sicherungsring in Welle	Biegung Torsion	1000	3,5 2,5
abgesetzte Welle (Lagerzapfen)	Biegung	600	2,2
abgesetzte Welle (Lagerzapfen)	Torsion	600	1,4
Passfedernut in Welle	Biegung	600	2,5
Passfedernut in Welle	Biegung	1000	3,0
Passfedernut in Welle	Torsion	600	1,5
Passfedernut in Welle	Torsion	1000	1,8
Querbohrung in Achse (Schmierloch)	Biegung und Torsion	600	1,6
Flachstab mit Bohrung	Zug	360	1,7
Flachstab mit Bohrung	Biegung	360	1,4
Welle an Übergangsstelle zu fest sitzender Nabe	Biegung Torsion	1000	2,7 1,8

1) genauere und umfangreichere Werte für Kerbwirkungszahlen in DIN 743-2

Kerbformzahlen

Rundstab mit Ringnut	D/d			D/d			D/d		
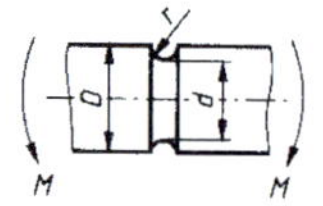	1,02			1,05			1,15		
Biegebeanspruchung	r/d			r/d			r/d		
	0,1	0,2	0,3	0,1	0,2	0,3	0,1	0,2	0,3
Kerbformzahl α_k	1,52	1,35	1,25	1,7	1,46	1,35	1,86	1,55	1,38

Rundstab mit Ringnut	D/d			D/d			D/d		
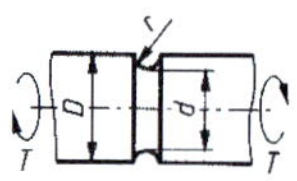	1,02			1,05			1,15		
Torsionsbeanspruchung	r/d			r/d			r/d		
	0,1	0,2	0,3	0,1	0,2	0,3	0,1	0,2	0,3
Kerbformzahl α_k	1,28	1,19	1,12	1,35	1,23	1,17	1,47	1,28	1,23

Rundstab mit Absatz	D/d			D/d			D/d		
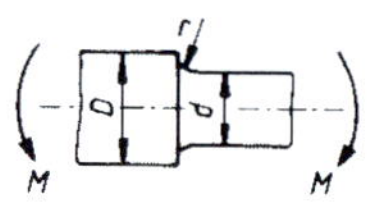	1,02			1,05			1,15		
Biegebeanspruchung	r/d			r/d			r/d		
	0,1	0,2	0,3	0,1	0,2	0,3	0,1	0,2	0,3
Kerbformzahl α_k	1,44	1,28	1,19	1,48	1,34	1,23	1,66	1,44	1,3

Rundstab mit Absatz	D/d			D/d			D/d		
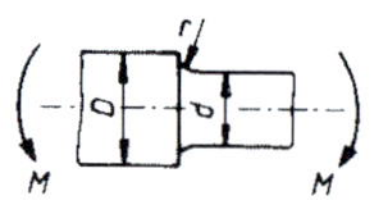	1,02			1,05			1,15		
Torsionsbeanspruchung	r/d			r/d			r/d		
	0,1	0,2	0,3	0,1	0,2	0,3	0,1	0,2	0,3
Kerbformzahl α_k	1,15	1,08	1,05	1,17	1,1	1,02	1,3	1,19	1,16

5.20 Oberflächenbeiwert und Größenbeiwert für Kreisquerschnitte

Diagramm Oberflächenbeiwert

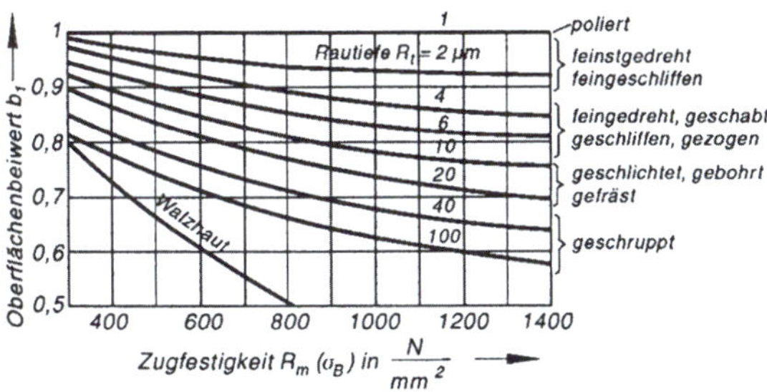

Diagramm Größenbeiwert

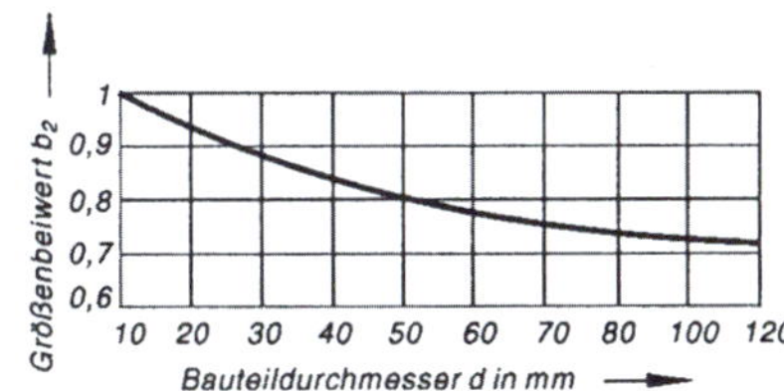

Für andere Querschnittsformen kann etwa gesetzt werden:
bei Biegung für Quadrat: Kantenlänge = d; für Rechteck: in Biegeebene liegende Kantenlänge = d;
bei Verdrehung für Quadrat und Rechteck: Flächendiagonale = d

5.21 Stahlbezeichnungen[1)]

EN10027-1 und ECISS IC 10 (1993)	frühere Bezeichnungen nach		EN 10027-1 und ECISS IC 10 (1993)	frühere Bezeichnungen nach	
	EN 10025 (1990)	DIN 17100		EN 10025 (1990)	DIN 17100
S235JR	Fe 360 B	St 37-2	S275J2G3	Fe 430 C	St 44-3 U
S235JRG1	Fe 360 FBU	U St 37-2	S355J2G3	Fe 430 D1	St 44-3 N
S235JRG2	Fe 360 FBN	R St 37-2	E295	Fe 510 D1	St 52-3 N
S235JO	Fe 360 C	St 37-3 U	E335	Fe 490-2	St 50-2
S235J2G3	Fe 360 D1	St 37-3 U	E360	Fe 590-2	St 60-2
S275JR	Fe 430 B	St 44-2	S275JO	Fe 690-2	St 70-2

1) Auszug aus der Deutschen Fassung der Europäischen Norm EN 10025 (April 2005)

Erläuterung der Bezeichnungen (Beispiel):

S235JRG2 **S** → Kennbuchstabe für mechanische Eigenschaft „Streckgrenze R_{eH}“ (H = obere Streckgrenze, von *high*)

235 → Kennzahl für den Mindestwert der (oberen) Streckgrenze in N/mm^2 für Probe-Dicken $s \leq 16$ mm: $R_{eH} = 235$ N/mm^2 (mit zunehmender Dicke wird R_{eH} kleiner, z.B. für $s > 150$ mm < 200 mm wird $R_{eH} = 185$ N/mm^2)

J → Kennbuchstabe für Gütegruppe bezüglich Schweißeignung und Kerbschlagarbeit

RG2→ Kennbuchstabe und -zahl für Gütegruppen z. B. bezüglich Lieferzustand, Erschmelzungsverfahren, chemische Zusammensetzung

5.22 Zulässige Spannungen im Stahlhochbau

Zulässige Spannungen in N/mm² für Stahlbauteile

Spannungsart	Werkstoff S235JR		S355JO		E360	
	Lastfall H	HZ	H	HZ	H	HZ
Druck und Biegedruck, wenn Stabilitätsnachweis nach DIN EN 1993-1-1 erforderlich ist	140	160	210	240	410	460
Zug und Biegezug, Biegedruck, wenn Stabilitätsnachweis nach DIN EN 1993-1-1 erforderlich ist	160	180	240	270	410	460
Schub	92	104	139	156	240	270

Lastfall H: alle Hauptlasten, Lastfall HZ: alle Haupt- und Zusatzlasten

Zulässige Spannungen in N/mm² für Stahlbau-Verbindungsmittel

Spannungsart		Niete (DIN 124 und DIN 302) für Bauteile aus S235JR		Niete für Bauteile aus S355JO		Passschrauben (DIN 7968) 4.6 für Bauteile aus S235JR		Passschrauben 5.6 für Bauteile aus S355JO		Rohe Schrauben (DIN 7990) 4.6	
		Lastfall H	HZ	H	HZ	H	HZ	H	HZ	H	HZ
Abscheren	$\tau_{a\,zul}$	140	160	210	240	140	160	210	240	112	126
Lochleibungsdruck	$\sigma_{l\,zul}$	280	320	420	480	280	320	420	480	240	270
Zug	$\sigma_{z\,zul}$	48	54	72	81	112	112	150	150	112	112

Lastfall H: alle Hauptlasten, Lastfall HZ: alle Haupt- und Zusatzlasten

5.23 Zulässige Spannungen im Kranbau

Zulässige Spannungen in N/mm² für Kranbauteile

Spannungsart	Werkstoff S235JR H	HZ	S355JO H	HZ
Zug- und Vergleichsspannung	160	180	240	270
Druckspannung, Nachweis auf Knicken	140	160	210	240
Schubspannung	92	104	138	156

Außer dem Allgemeinen Spannungsnachweis auf Sicherheit gegen Erreichen der Fließgrenze ist für Krane mit mehr als 20 000 Spannungsspielen noch ein *Betriebsfestigkeitsnachweis* auf Sicherheit gegen Bruch bei zeitlich veränderlichen, häufig wiederholten Spannungen für die Lastfälle H zu führen. Zulässige Spannungen beim Betriebsfestigkeitsnachweis siehe Normblatt.

Zulässige Spannungen in N/mm² für Kranbau-Verbindungsmittel

Spannungsart		Niete (DIN 124 und DIN 302) USt36 für Bauteile aus S235JR		Niete USt44 für Bauteile aus S355JO		Passschrauben (DIN 7968) 4.6 USt36 für Bauteile aus S235JR		Passschrauben 5.6 USt44 für Bauteile aus S355JO		Schrauben (DIN 7880) 4.6 USt36 für Bauteile aus S235JR		Schrauben 5.6 USt44 für Bauteile aus S355JO	
		Lastfall H	HZ	H	HZ	H	HZ	H	HZ	H	HZ	H	HZ
Abscheren	einschnittig	84	96	126	144	84	96	126	144	70	80	70	80
	zweischnittig	112	128	168	192	112	128	168	192				
Lochleibungsdruck	einschnittig	210	240	315	360	210	240	315	360	160	180	160	180
	zweischnittig	280	320	420	480	280	320	420	480				
Zug	einschnittig	30	30	45	45	100	110	140	154	100	110	140	154
	zweischnittig	30	30	45	45	100	110	140	154				

5.24 Mechanische Eigenschaften von Schrauben

Kennzeichen (Festigkeitsklasse)	4.6	4.8	5.6	5.8	6.6	6.8	6.9	8.8	10.9	12.9
Mindest-Zugfestigkeit R_m in N/mm²	400		500		600			800	1 000	1 200
Mindest-Streckgrenze R_e oder $R_{p\,0,2}$-Dehngrenze in N/mm²	240	320	300	400	360	480	540	640	900	1 080
Bruchdehnung A_5 in %	25	14	20	10	16	8	12	12	9	8

5.25 Niete und zugehörige Schrauben für Stahl- und Kesselbau

d_1 in mm	11	13	(15)	17	(19)	21	23	25	28	31	(34)	37
A_1 in mm² $= \frac{\pi}{4} d_1^2$	95	133	177	227	284	346	415	491	616	755	908	1075
d in mm (Rohnietdurchmesser)	10	12	(14)	16	(18)	20	22	24	27	30	(33)	36
Sechskantschraube	M10	M12	–	M16	–	M20	M22	M24	M27	M30	M33	M36

d_1 Durchmesser des geschlagenen Niets → Nietlochdurchmesser

Größen in ( ) möglichst vermeiden

6 Fluidmechanik

6.1 Statik der Flüssigkeiten

Hydrostatischer Druck auf ebene und gewölbte Flächen

$$p = \frac{F}{A}$$

Druck durch die Schwerkraft mit der Druckhöhe *h*

$$p = \varrho g h$$

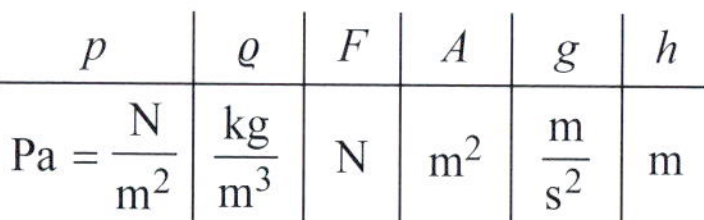

p	ϱ	F	A	g	h
$\mathrm{Pa} = \frac{\mathrm{N}}{\mathrm{m}^2}$	$\frac{\mathrm{kg}}{\mathrm{m}^3}$	N	m^2	$\frac{\mathrm{m}}{\mathrm{s}^2}$	m

Druckkraft auf gewölbte Böden (siehe Abb. bei der Formel zur Bodenkraft)

$$F_1 = F_2 = p\frac{\pi d^2}{4}$$

F_1, F_2	p	d
N	$\mathrm{Pa} = \frac{\mathrm{N}}{\mathrm{m}^2}$	m

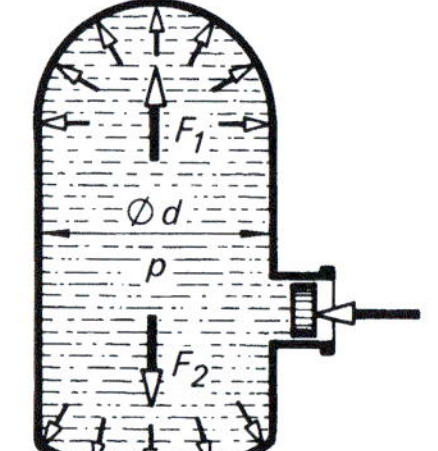

$$F_1 = F_2 = 0{,}1 p\frac{\pi d^2}{4}$$

Zahlenwertformel

F_1, F_2	p	d
N	bar	m

Hydraulische Kraftübersetzung

$$\frac{F_1}{F_2} = \frac{A_1}{A_2}; \quad \frac{s_1}{s_2} = \frac{A_2}{A_1}; \quad \frac{s_1}{s_2} = \frac{d_2^2}{d_1^2}$$

Übersetzungsverhältnis

$$i = \frac{F_1}{F_2} = \frac{s_2}{s_1}$$

F	A	d, s
N	mm^2	mm

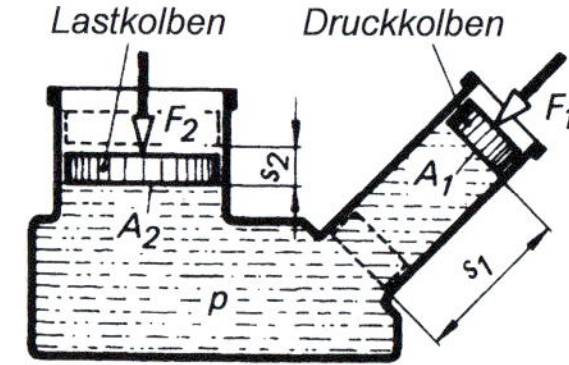

Hydraulische Kraftübersetzung

Hydraulische Presse Druckkraft

$$F_1 = \pi\frac{d_1^2}{4}p$$

Last bei reibungsfreiem Betrieb

$$F_2 = \pi\frac{d_2^2}{4}p$$

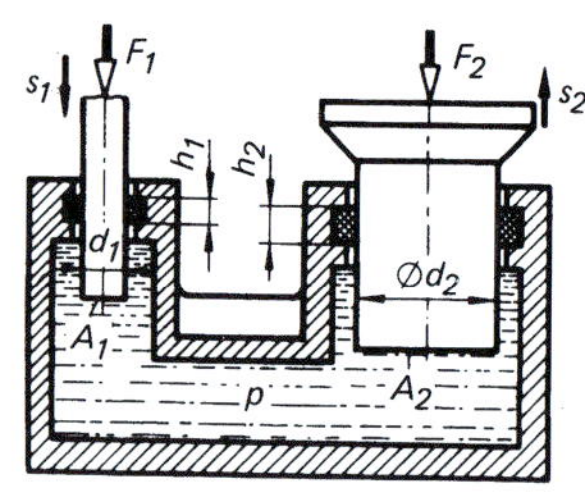

Hydraulische Presse

Last unter Berücksichtigung der Reibung

$$F_2' = F_1'\frac{d_2^2}{d_1^2}\eta$$

Wirkungsgrad

$$\eta = \frac{1 - 4\mu\frac{h_2}{d_2}}{1 + 4\mu\frac{h_1}{d_1}}$$

Kolbenwege

$$s_2 = s_1\left(\frac{d_1}{d_2}\right)^2$$

F	p	d, h, s	η, μ
N	$\mathrm{Pa} = \frac{\mathrm{N}}{\mathrm{m}^2}$	m	1

A. Böge, W. Böge, *Formeln und Tabellen zur Technischen Mechanik*, https://doi.org/10.1007/978-3-658-44430-3_6

Belastung einer Kessel- oder Rohrlängsnaht

$F = p\,d\,l$

F	p	d, l
N	$\text{Pa} = \dfrac{\text{N}}{\text{m}^2}$	m

$F = 0{,}1\,p\,d\,l$

Zahlenwertgleichung

F	p	d, l
N	bar	mm

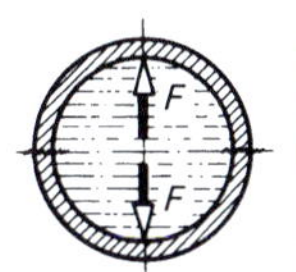

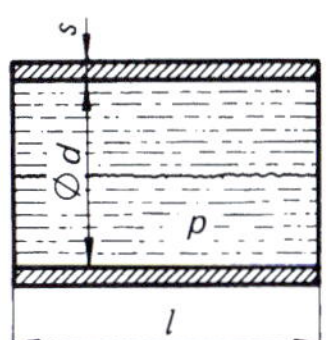

Wanddicke einer Kessel- oder Rohrlängsnaht

$$s = \frac{p\,d}{2\sigma_{\text{zul}}}$$

s	p	d	σ_{zul}
m	$\text{Pa} = \dfrac{\text{N}}{\text{m}^2}$	m	$\dfrac{\text{N}}{\text{m}^2}$

$$s = \frac{p\,d}{20\,\sigma_{\text{zul}}}$$

Zahlenwertgleichung

s	p	d	σ_{zul}
mm	bar	mm	$\dfrac{\text{N}}{\text{mm}^2}$

Kommunizierende Röhren

$$\frac{h_1}{h_2} = \frac{\varrho_2}{\varrho_1}$$

h_1, h_2	ϱ
m	$\dfrac{\text{kg}}{\text{m}^3}$

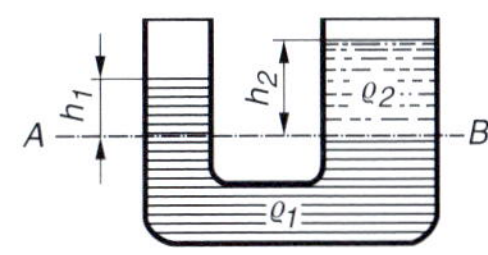

Bodenkraft

$F_{\text{b}} = \varrho\,g\,h\,A$

F_{b}	A	ϱ	g	h
N	m^2	$\dfrac{\text{kg}}{\text{m}^3}$	$\dfrac{\text{m}}{\text{s}^2}$	m

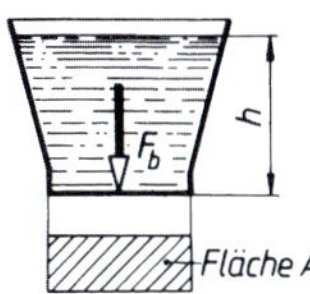

Seitenkraft

$F_{\text{s}} = \varrho\,g\,h_{\text{s}}\,A$

$$h_{\text{s}} = y_{\text{s}} \sin\alpha\,; \quad y_{\text{s}} = \frac{h_{\text{s}}}{\sin\alpha}$$

$$y_{\text{D}} = y_{\text{s}} + e = y_{\text{s}} + \frac{I_{\text{s}}}{A\,y_{\text{s}}}$$

$$e = \frac{I_{\text{s}}}{A\,y_{\text{s}}}$$

$$e = \frac{h^2}{12\,y_{\text{s}}} \quad \text{für Rechteckflächen}$$

$$e = \frac{d^2}{16\,y_{\text{s}}} \quad \text{für Kreisflächen}$$

F_{s}	I_{s}	A	ϱ	g	$h_{\text{s}}, y_{\text{s}}, e, d$
N	m^4	m^2	$\dfrac{\text{kg}}{\text{m}^3}$	$\dfrac{\text{m}}{\text{s}^2}$	m

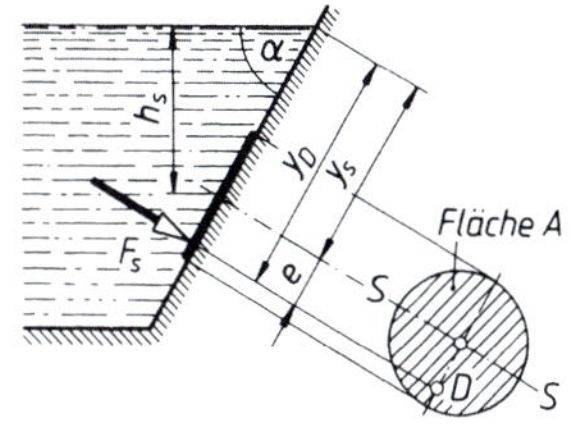

- I_{s} Flächenmoment 2. Grades der gedrückten Fläche A bezogen auf die Schwerachse S–S
- D Druckmittelpunkt
- V verdrängtes Flüssigkeitsvolumen
- ϱ Dichte der Flüssigkeit
- g Fallbeschleunigung
- e Abstand des Druckmittelpunkts vom Schwerpunkt

Auftriebskraft

$F_a = V \varrho g$

Ganz eingetauchter Körper:
Verdrängungsschwerpunkt F fällt mit Körperschwerpunkt K zusammen.

Schwimmender Körper:
Verdrängungsschwerpunkt F liegt unter dem Körperschwerpunkt K.

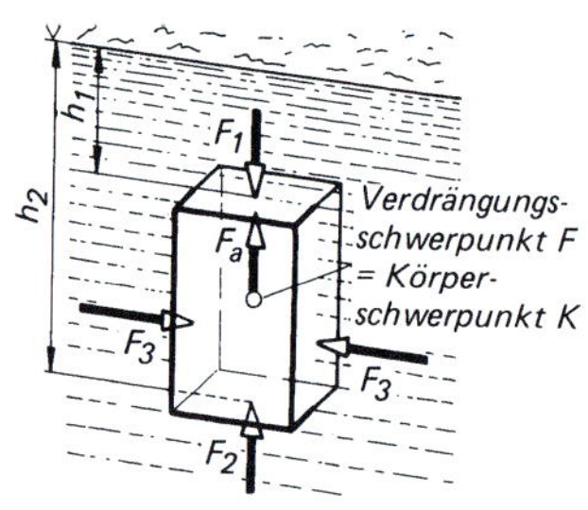

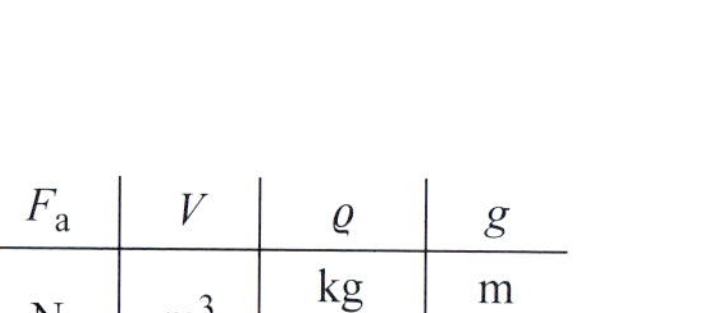

F_a	V	ϱ	g
N	m^3	$\frac{kg}{m^3}$	$\frac{m}{s^2}$

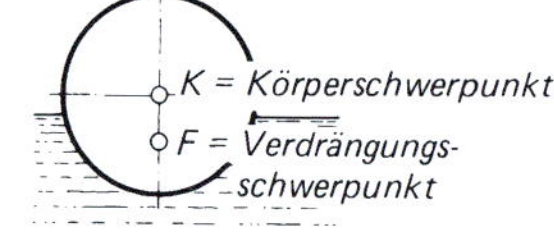

Schwimmen (Eintauchtiefe)

$$h = \frac{h_1 \varrho_1}{\varrho_2}$$

h	h_1	ϱ_1, ϱ_2
m	m	$\frac{kg}{m^3}$

h Eintauchtiefe
h_1 Höhe des Körpers
ϱ_1 Dichte des Körpers
ϱ_2 Dichte des Fluids

6.2 Strömungsgleichungen

Massenstrom

$$\dot{m} = \frac{A \Delta s \varrho}{\Delta t} = A v \varrho$$

Volumenstrom

$$\dot{V} = \frac{V}{\Delta t} = A v$$

$\dot{m}$	$\dot{V}$	A	ϱ	Δs	Δt	v
$\frac{kg}{s}$	$\frac{m^3}{s}$	m^2	$\frac{kg}{m^3}$	m	s	$\frac{m}{s}$

$\dot{m}$ Massenstrom
$\dot{V}$ Volumenstrom
A Rohrquerschittsfläche
ϱ Dichte des Fluids
Δs Strömungsweg
Δt Zeitabschnitt
v Strömungsgeschwindigkeit

Kontinuitätsgleichung

$$\dot{V} = A_1 v_1 = A_2 v_2 = \text{konstant}$$

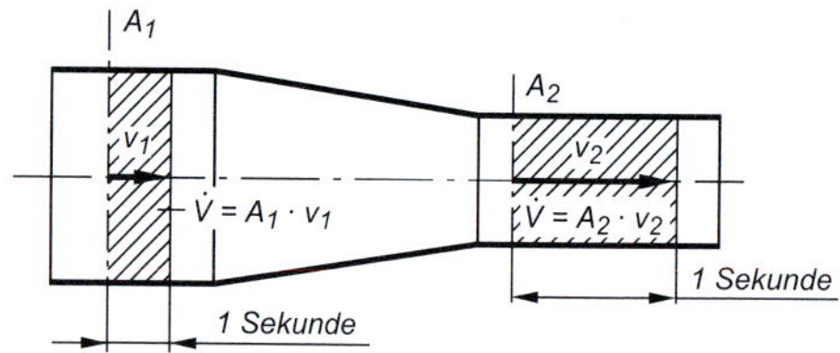

Massenerhaltungssatz

$$\dot{m} = \dot{m}_1 = \dot{m}_2 = \text{konstant}$$

$$\dot{m} = A_1 v_1 \varrho_1 = A_2 v_2 \varrho_2 = \text{konstant}$$

$\dot{V}$	$\dot{m}$	A	v	ϱ
$\frac{m^3}{s}$	$\frac{kg}{s}$	m^2	$\frac{m}{s}$	$\frac{kg}{m^3}$

Bernoulli'sche Druckgleichung für horizontale Strömung

$$p_1 + \frac{\varrho}{2} v_1^2 = p_2 + \frac{\varrho}{2} v_2^2$$

p	ϱ	v
$\text{Pa} = \frac{\text{N}}{\text{m}^2}$	$\frac{\text{kg}}{\text{m}^3}$	$\frac{\text{m}}{\text{s}}$

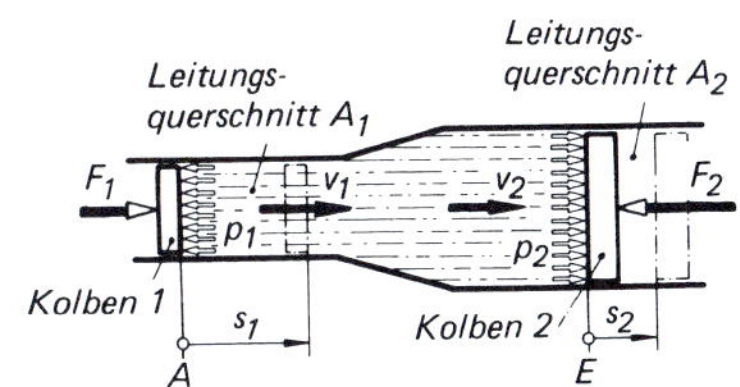

Bernoulli'sche Druckgleichung für nichthorizontale Strömung

$$p_1 + \varrho g h_1 + \frac{\varrho}{2} v_1^2 = p_2 + \varrho g h_2 + \frac{\varrho}{2} v_2^2$$

p	ϱ	g	h	v
$\text{Pa} = \frac{\text{N}}{\text{m}^2}$	$\frac{\text{kg}}{\text{m}^3}$	$\frac{\text{m}}{\text{s}^2}$	m	$\frac{\text{m}}{\text{s}}$

$\varrho g h$ Schweredruck

$\frac{\varrho}{2} v^2$ Geschwindigkeitsdruck

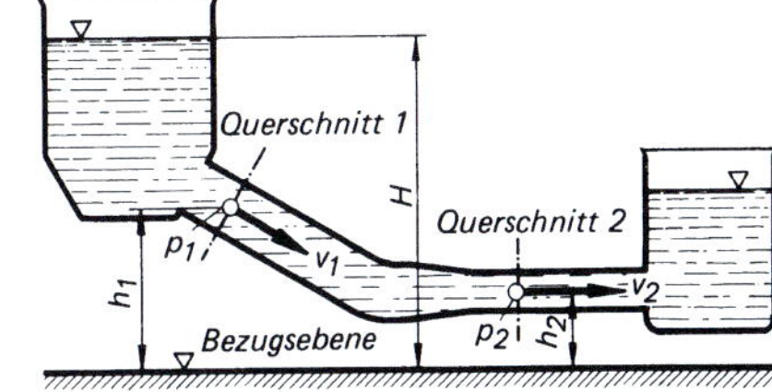

Impulsstrom

$$\dot{I} = \dot{m} \cdot v = \varrho \cdot \dot{V} \cdot v$$

Impulserhaltungssatz für Fluide

$$\dot{m}_2 \cdot v_2 = \dot{m}_1 \cdot v_1$$

$$\dot{I}_2 = \dot{I}_1 = \dot{I}$$

Impulskraft

$$F_I = \dot{I} = \dot{m} \cdot v$$

$$F_I = \varrho \cdot \dot{V} \cdot v = \varrho \cdot A \cdot v^2$$

$F_I, \dot{I}$	$\dot{m}$	v	ϱ	$\dot{V}$	A
N	$\frac{\text{kg}}{\text{s}}$	$\frac{\text{m}}{\text{s}}$	$\frac{\text{kg}}{\text{m}^3}$	$\frac{\text{m}^3}{\text{s}}$	m^2

Hydrostatische Druckkraft

$$F_D = p \cdot A$$

Gesamtdruckkraft

$$F = F_I + F_D$$

F_D	p	A
N	$\text{Pa} = \frac{\text{N}}{\text{m}^2}$	m^2

Reynolds'sche Zahl

$$Re = \frac{v d \varrho}{\eta} = \frac{v d}{\nu_k}$$

Re	v	d	ϱ	η	ν_k
1	$\frac{\text{m}}{\text{s}}$	m	$\frac{\text{kg}}{\text{m}^3}$	$\frac{\text{Ns}}{\text{m}^2}$	$\frac{\text{m}^2}{\text{s}}$

Kinematische Zähigkeit

$$\nu_k = \frac{\eta}{\varrho}$$

- v mittlere Durchflussgeschwindigkeit
- d Innendurchmesser bei Rohren mit Kreisquerschnitt
- ϱ Dichte des Fluids
- ν_k kinematische Zähigkeit
- η dynamische Zähigkeit

Dynamische und kinematische Zähigkeit und Dichte von Wasser

Temperatur in °C	0	10	20	30	40	50	60	70	80	90	100
$10^{-6}\ \eta$ in Ns/m^2	1780	1300	1000	805	658	560	470	403	353	314	285
$10^{-6}\ \nu$ in m^2/s	1,78	1,31	1,01	0,81	0,66	0,56	0,48	0,42	0,37	0,33	0,3
ϱ in kg/m^3	1000	1000	998		992		983		972		958

Umrechnungen der Zähigkeit

für die dynamische Zähigkeit η das Poise (P):

1 Ns/m² = 10 P (Poise) = 1000 cP (Zentipoise)

1 P = 0,1 Ns/m² = 100 cP (Zentipoise)

für die kinematische Zähigkeit ν_k das Stokes (St):

1 m²/s = 10^4 St (Stokes)

1 St = 10^{-4} m²/s = 100 cSt (Zentistokes)

Umrechnung aus Englergraden in $\frac{m^2}{s}$:

$$\nu_k = \left(7{,}32\ E - \frac{6{,}31}{°E}\right) 10^{-6} \text{ in } \frac{m^2}{s}$$

°E	cSt	°E	cSt
1	1	4,5	33,4
1,5	6,25	5	37,4
2	11,8	5,5	41,4
2,5	16,7	6	45,2
3	21,2	6,5	49,0
3,5	25,4	8	60,5
4	29,6	10	76,0

Umrechnungen °E in cSt

kritische Strömungsgeschwindigkeit

$$\nu_{kr} = \frac{Re\,\eta}{d\,\varrho}$$

Re	v	d	ϱ	η
1	$\frac{m}{s}$	m	$\frac{kg}{m^3}$	$\frac{Ns}{m^2}$

Strömungsgeschwindigkeit im Abstand x von der Rohrachse

$$v_x = 2v\left[1 - \left(\frac{2x}{d}\right)^2\right]$$

$$v = \frac{\dot{V}}{A}$$

$\dot{V}$ Volumenstrom

A Querschnittsfläche

v, v_x	d, x	$\dot{V}$	$\dot{m}$
$\frac{m}{s}$	mm	$\frac{m^3}{s}$	$\frac{kg}{s}$

Mach´sche Zahl

$$Ma = \frac{v}{c}$$

v Strömungsgeschwindigkeit

c Schallgeschwindigkeit

6.3 Ausflussgleichungen

Geschwindigkeitszahl

φ = 0,97 ... 0,99 für Wasser

φ ist abhängig von der Zähigkeit der Flüssigkeit

Kontraktionszahl

Die Ausflussmenge verringert sich durch die Einschnürung des Flüssigkeitsstrahls:

$\alpha \approx 0{,}6$ bei einer scharfen Kante

$\alpha \approx 0{,}75$ bei einer gebrochenen Kante

$\alpha \approx 0{,}9$ bei einem kleinen Abrundungsradius

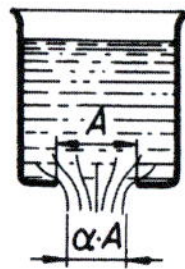

Ausflusszahl

$\mu = \alpha\,\varphi$

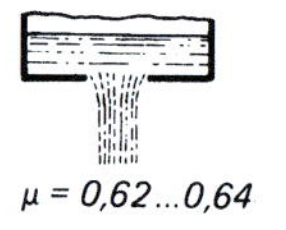

μ = 0,62...0,64

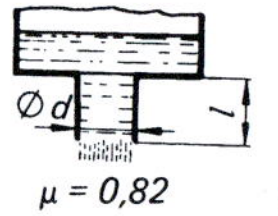

μ = 0,82 für l ≈ 2,5 d

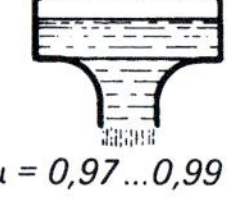

μ = 0,97...0,99

Ausflusszahlen für Wasser

μ ist abhängig von der Form der Öffnung

Offenes Gefäß, konstante Druckhöhe

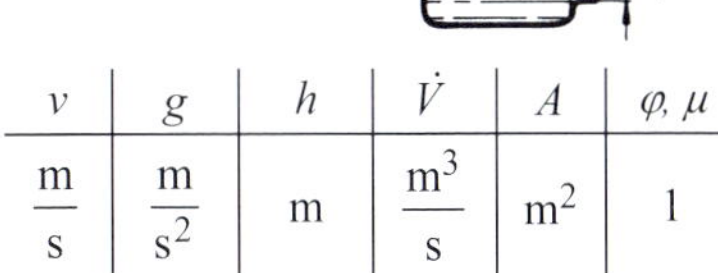

v	g	h	$\dot{V}$	A	φ, μ
$\frac{\text{m}}{\text{s}}$	$\frac{\text{m}}{\text{s}^2}$	m	$\frac{\text{m}^3}{\text{s}}$	m^2	1

Theoretische Ausflussgeschwindigkeit $$v = \sqrt{2gh}$$

Wirkliche Ausflussgeschwindigkeit $$v_e = \varphi v = \varphi\sqrt{2gh}$$

Theoretischer Volumenstrom $$\dot{V} = Av = A\sqrt{2gh}$$

Geschlossenes Gefäß, konstante Druckhöhe

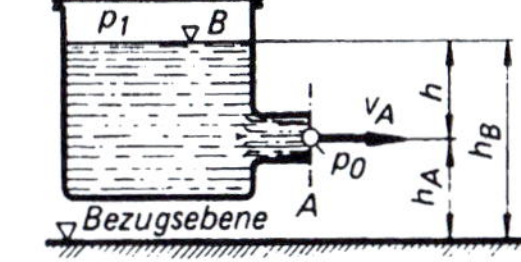

Ausfluss bei Überdruck p_1 im Gefäß

v	g	h	$\dot{V}$	A	p	ϱ
$\frac{\text{m}}{\text{s}}$	$\frac{\text{m}}{\text{s}^2}$	m	$\frac{\text{m}^3}{\text{s}}$	m^2	Pa	$\frac{\text{kg}}{\text{m}^3}$

Theoretische Ausflussgeschwindigkeit $$v = \sqrt{2g\left(h + \frac{p_1 - p_0}{\varrho g}\right)}$$

Theoretischer Volumenstrom $$\dot{V} = Av = A\sqrt{2g\left(h + \frac{p_1 - p_0}{\varrho g}\right)}$$

Massenstrom $$\dot{m} = \dot{V}\varrho$$

Offenes Gefäß bei sinkendem Fluidspiegel

Bei teilweiser Entleerung:

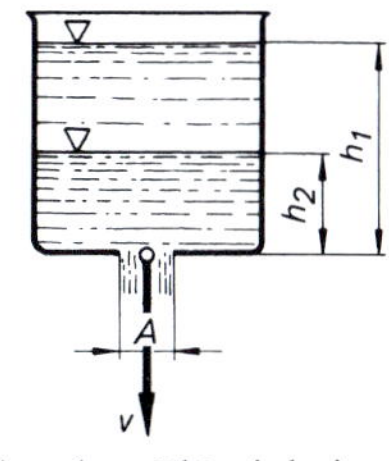

Ausfluss bei sinkendem Flüssigkeitsspiegel

v	g	h	$\dot{V}$	V_e	A	t	φ, μ
$\frac{\text{m}}{\text{s}}$	$\frac{\text{m}}{\text{s}^2}$	m	$\frac{\text{m}^3}{\text{s}}$	m^3	m^2	s	1

mittlere theoretische Ausflussgeschwindigkeit $$v_m = \frac{v_1 + v_2}{2} = \frac{\sqrt{2gh_1} + \sqrt{2gh_2}}{2}$$

mittlerer wirklicher Volumenstrom $$\dot{V}_{em} = \mu A \frac{\sqrt{2gh_1} + \sqrt{2gh_2}}{2}$$

Ausflusszeit $$t = \frac{V_e}{\dot{V}_{em}} = \frac{2V_e}{\mu A\left(\sqrt{2gh_1} + \sqrt{2gh_2}\right)}$$

V_e ausfließendes Fluidvolumen

Bei völliger Entleerung:

mittlere Ausflussgeschwindigkeit $$v_m = \varphi\frac{\sqrt{2gh_1}}{2}$$

mittlerer Volumenstrom $$\dot{V}_{em} = \mu A\frac{\sqrt{2gh_1}}{2}$$

Ausflusszeit $$t = \frac{2V_e}{\mu A \sqrt{2gh_1}}$$

Ausfluss unter Gegendruck

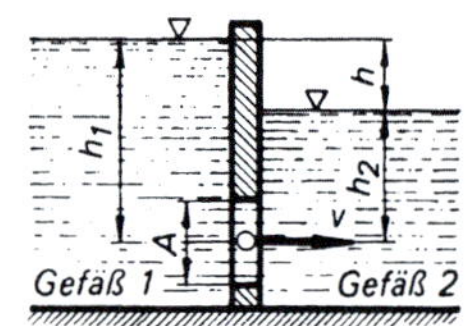

Ausflussgeschwindigkeit $$v = \varphi\sqrt{2g(h_1 - h_2)}$$

Volumenstrom $$\dot{V}_e = \mu A\sqrt{2g(h_1 - h_2)}$$

v	g	h	$\dot{V}_e$	φ, μ
$\frac{m}{s}$	$\frac{m}{s^2}$	m	$\frac{m^3}{s}$	1

6.4 Strömungen in Rohrleitungen

Reynolds'sche Zahl $$Re = \frac{v_m d}{\nu}$$

Re	v_m	d	ν
1	$\frac{m}{s}$	m	$\frac{m^2}{s}$

v_m Fluidgeschwindigkeit (mittlere)
d Rohrinnendurchmesser
ν kinetische Viskosität

$Re_{krit} \approx 2320$

Rohrreibungszahl kreisförmiger Querschnitt, laminare Strömung ($Re \leq 2300$)

$$\lambda = \frac{64}{Re}$$ isotherm (T = konstant)

$$\lambda = \frac{75}{Re}$$ nicht isotherm (T ≠ konstant)

$\lambda = 0{,}015 \ldots 0{,}02$ für überschlägige Berechnungen für Luft, Wasser, Dampf

Rohrreibungszahl kreisförmiger Querschnitt, turbulente Strömung ($Re \geq 2300$)

$\lambda = 0{,}3164\ Re^{-0{,}25}$ bis $Re = 10^5$

$\lambda = 0{,}0054 + 0{,}396\ Re^{-0{,}3}$ bis $Re = 2 \cdot 10^6$

$\lambda = 0{,}0032 + 0{,}221\ Re^{-0{,}237}$ für $Re = 10^5 \ldots 3{,}23 \cdot 10^6$

Druckabfall in Rohren mit kreisförmigem Querschnitt

$$\Delta p = \lambda \frac{l\varrho}{2d} v^2$$

$$\Delta p = 32\eta v \frac{l}{d^2}$$

d Rohrdurchmesser
l Rohrlänge
λ Rohrreibungszahl
v Durchflussgeschwindigkeit
η dynamische Zähigkeit
ν kinematische Zähigkeit

Δp	l, d	ϱ	v	λ	η
$\frac{N}{m^2}$	m	$\frac{kg}{m^3}$	$\frac{m}{s}$	1	$\frac{Ns}{m^2}$

7 Gewinde- und Profiltabellen

7.1 Metrisches ISO-Gewinde

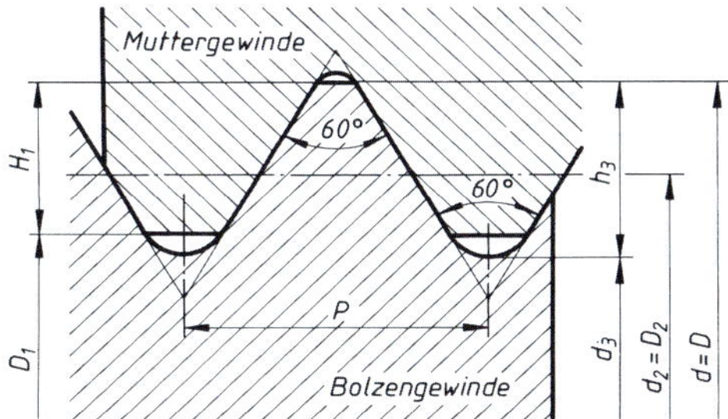

Bezeichnung des metrischen Regelgewindes z. B.
M 12 Gewinde-Nenndurchmesser
$d = D = 12$ mm

Maße in mm

Gewinde-Nenndurchmesser $d = D$ Reihe 1	Reihe 2	Steigung P	Steigungswinkel α in Grad	Flankendurchmesser $d_2 = D_2$	Kerndurchmesser d_3	D_1	Gewindetiefe [1] h_3	H_1	Spannungsquerschnitt A_S mm^2	polares Widerstandsmoment W_{ps} mm^3
3		0,5	3,40	2,675	2,387	2,459	0,307	0,271	5,03	3,18
	3,5	0,6	3,51	3,110	2,764	2,850	0,368	0,325	6,78	4,98
4		0,7	3,60	3,545	3,141	3,242	0,429	0,379	8,73	7,28
	4,5	0,75	3,40	4,013	3,580	3,688	0,460	0,406	11,3	10,72
5		0,8	3,25	4,480	4,019	4,134	0,491	0,433	14,2	15,09
6		1	3,40	5,350	4,773	4,917	0,613	0,541	20,1	25,42
8		1,25	3,17	7,188	6,466	6,647	0,767	0,677	36,6	62,46
10		1,5	3,03	9,026	8,160	8,376	0,920	0,812	58,0	124,6
12		1,75	2,94	10,863	9,853	10,106	1,074	0,947	84,3	218,3
	14	2	2,87	12,701	11,546	11,835	1,227	1,083	115	347,9
16		2	2,48	14,701	13,546	13,835	1,227	1,083	157	554,9
	18	2,5	2,78	16,376	14,933	15,294	1,534	1,353	192	750,5
20		2,5	2,48	18,376	16,933	17,294	1,534	1,353	245	1 082
	22	2,5	2,24	20,376	18,933	19,294	1,534	1,353	303	1 488
24		3	2,48	22,051	20,319	20,752	1,840	1,624	353	1 871
	27	3	2,18	25,051	23,319	23,752	1,840	1,624	459	2 774
30		3,5	2,30	27,727	25,706	26,211	2,147	1,894	561	3 748
	33	3,5	2,08	30,727	28,706	29,211	2,147	1,894	694	5 157
36		4	2,18	33,402	31,093	31,670	2,454	2,165	817	6 588
	39	4	2,00	36,402	34,093	34,670	2,454	2,165	976	8 601
42		4,5	2,10	39,077	36,479	37,129	2,760	2,436	1120	10 574
	45	4,5	1,95	42,077	39,479	40,129	2,760	2,436	1300	13 222
48		5	2,04	44,752	41,866	42,587	3,067	2,706	1470	15 899
	52	5	1,87	48,752	45,866	46,587	3,067	2,706	1760	20 829
56		5,5	1,91	52,428	49,252	50,046	3,374	2,977	2030	25 801
	60	5,5	1,78	56,428	53,252	54,046	3,374	2,977	2360	32 342
64		6	1,82	60,103	56,639	57,505	3,681	3,248	2680	39 138
	68	6	1,71	64,103	60,639	61,505	3,681	3,248	3060	47 750

[1] H_1 ist die Tragtiefe (siehe 5 Festigkeitslehre: 5.3 Flächenpressung im Gewinde)

A. Böge, W. Böge, *Formeln und Tabellen zur Technischen Mechanik*, https://doi.org/10.1007/978-3-658-44430-3_7

7.2 Metrisches ISO-Trapezgewinde

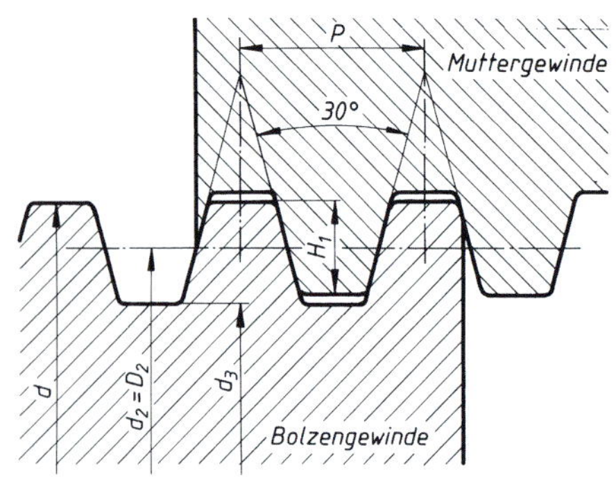

Bezeichnung für

a) eingängiges Gewinde z. B.
Tr 75 × 10 Gewindedurchmesser $d = 75$ mm, Steigung $P = 10$ mm = Teilung

b) zweigängiges Gewinde z. B.
Tr 75 × 20 P 10 Gewindedurchmesser $d = 75$ mm, Steigung $P_h = 20$ mm, Teilung $P = 10$ mm

$$\text{Gangzahl } z = \frac{\text{Steigung } P_h}{\text{Teilung } P} = \frac{20 \text{ mm}}{10 \text{ mm}} = 2$$

Maße in mm

Gewinde-durchmesser d	Steigung P	Steigungs-winkel α in Grad	Tragtiefe H_1 $H_1 = 0{,}5\,P$	Flanken-durchmesser $D_2 = d_2$ $D_2 = d - H_1$	Kern-durchmesser d_3	Kern-querschnitt $A_3 = \frac{\pi}{4} d_3^2$ mm²	polares Wider-standsmoment $W_p = \frac{\pi}{16} d_3^3$ mm³
8	1,5	3,77	0,75	7,25	6,2	30,2	46,8
10	2	4,05	1	9	7,5	44,2	82,8
12	3	5,20	1,5	10,5	9	63,6	143
16	4	5,20	2	14	11,5	104	299
20	4	4,05	2	18	15,5	189	731
24	5	4,23	2,5	21,5	18,5	269	1 243
28	5	3,57	2,5	25,5	22,5	398	2 237
32	6	3,77	3	29	25	491	3 068
36	6	3,31	3	33	29	661	4 789
40	7	3,49	3,5	36,5	32	804	6 434
44	7	3,15	3,5	40,5	36	1 018	9 161
48	8	3,31	4	44	39	1 195	11 647
52	8	3,04	4	48	43	1 452	15 611
60	9	2,95	4,5	55,5	50	1 963	24 544
65	10	3,04	5	60	54	2 290	30 918
70	10	2,80	5	65	59	2 734	40 326
75	10	2,60	5	70	64	3 217	51 472
80	10	2,43	5	75	69	3 739	64 503
85	12	2,77	6	79	72	4 071	73 287
90	12	2,60	6	84	77	4 656	89 640
95	12	2,46	6	89	82	5 281	108 261
100	12	2,33	6	94	87	5 945	129 297
110	12	2,10	6	104	97	7 390	179 203
120	14	2,26	7	113	104	8 495	220 867

7.3 Warmgewalzter gleichschenkliger rundkantiger Winkelstahl (Auswahl)

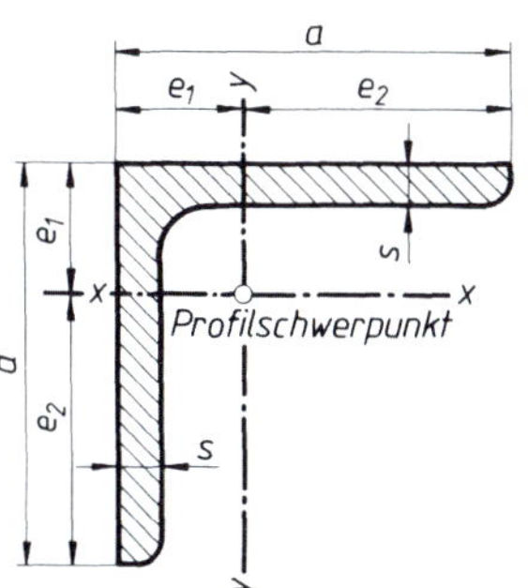

Beispiel für die Bezeichnung und Auswertung eines Winkelstahls:
L 40 × 6 DIN 1028

Schenkelbreite	a	= 40 mm
Schenkeldicke	s	= 6 mm
Flächenmoment 2. Grades	I_x	$= 6{,}33 \cdot 10^4$ mm^4
Widerstandsmoment	W_{x1}	$= 5{,}28 \cdot 10^3$ mm^3
	W_{x2}	$= 2{,}26 \cdot 10^3$ mm^3
Oberfläche je Meter Länge	A'_0	= 0,16 m^2/m
Profilumfang	U	= 0,16 m
Trägheitsradius	$i_x = \sqrt{I_x / A}$	= 11,9 mm

Kurzzeichen L	$\frac{a}{s}$ mm	Querschnitt A mm^2	$\frac{e_1}{e_2}$ mm	$I_x = I_y$ $\cdot 10^4$ mm^4	$W_{x1} = W_{y1}$ $\cdot 10^3$ mm^3	$W_{x2} = W_{y2}$ $\cdot 10^3$ mm^3	Oberfläche je Meter Länge A'_0 m^2/m [1)]	Gewichtskraft je Meter Länge F'_G N/m
20 × 4	20/ 4	145	6,4/ 13,6	0,48	0,75	0,35	0,08	11,2
25 × 5	25/ 5	226	8 / 17	1,18	1,48	0,69	0,10	17,4
30 × 5	30/ 5	278	9,2/ 20,8	2,16	2,35	1,04	0,12	21,4
35 × 5	35/ 5	328	10,4/ 24,6	3,56	3,42	1,45	0,14	25,3
40 × 6	40/ 6	448	12 / 28	6,33	5,28	2,26	0,16	34,5
45 × 6	45/ 6	509	13,2/ 31,8	9,16	6,94	2,88	0,17	39,2
50 × 6	50/ 6	569	14,5/ 35,5	12,8	8,83	3,61	0,19	43,8
50 × 8	50/ 8	741	15,2/ 34,8	16,3	10,7	4,68	0,19	57,1
55 × 8	55/ 8	823	16,4/ 38,6	22,1	13,5	5,73	0,21	63,4
60 × 6	60/ 6	691	16,9/ 43,1	22,8	13,5	5,29	0,23	53,2
60 × 10	60/10	1110	18,5/ 41,5	34,9	18,9	8,41	0,23	85,2
65 × 8	65/ 8	985	18,9/ 46,1	37,5	19,8	8,13	0,25	75,9
70 × 7	70/ 7	940	19,7/ 50,3	42,4	21,5	8,43	0,27	72,4
70 × 9	70/ 9	1190	20,5/ 49,5	52,6	25,7	10,6	0,27	91,6
70 × 11	70/11	1430	21,3/ 48,7	61,8	29,0	12,7	0,27	110,1
75 × 8	75/ 8	1150	21,3/ 53,7	58,9	27,7	11,0	0,29	88,6
80 × 8	80/ 8	1230	22,6/ 57,4	72,3	32,0	12,6	0,31	94,7
80 × 10	80/10	1510	23,4/ 56,6	87,5	37,4	15,5	0,31	116,7
80 × 12	80/12	1790	24,1/ 55,9	102	42,3	18,2	0,31	138,3
90 × 9	90/ 9	1550	25,4/ 64,6	116	45,7	18,0	0,35	119,4
90 × 11	90/11	1870	26,2/ 63,8	138	52,7	21,6	0,36	144,0
100 × 10	100/10	1920	28,2/ 71,8	177	62,8	24,7	0,39	147,9
100 × 14	100/14	2620	29,8/ 70,2	235	78,9	33,5	0,39	201,8
110 × 12	110/12	2510	31,5/ 78,5	280	88,9	35,7	0,43	193,3
120 × 13	120/13	2970	34,4/ 85,6	394	115	46,0	0,47	228,7
130 × 12	130/12	3000	36,4/ 93,6	472	130	50,4	0,51	231,0
130 × 16	130/16	3930	38,0/ 92	605	159	65,8	0,51	302,6
140 × 13	140/13	3500	39,2/100,8	638	163	63,3	0,55	269,5
140 × 15	140/15	4000	40,0/100,0	723	181	72,3	0,55	308,0
150 × 12	150/12	3480	41,2/108,8	737	179	67,7	0,59	268,0
150 × 16	150/16	4570	42,9/107,1	949	221	88,7	0,59	351,9
150 × 20	150/20	5630	44,4/105,6	1150	259	109	0,59	433,6
160 × 15	160/15	4610	44,9/115,1	1100	245	95,6	0,63	355,0
160 × 19	160/19	5750	46,5/113,5	1350	290	119	0,63	442,8
180 × 18	180/18	6190	51,0/129,0	1870	367	145	0,71	476,7
180 × 22	180/22	7470	52,6/127,4	2210	420	174	0,71	575,3
200 × 16	200/16	6180	55,2/144,8	2340	424	162	0,79	475,9
200 × 20	200/20	7640	56,8/143,2	2850	502	199	0,79	588,3
200 × 24	200/24	9060	58,4/141,6	3330	570	235	0,79	697,7
200 × 28	200/28	10500	59,9/140,1	3780	631	270	0,79	808,6

[1)] Die Zahlenwerte geben zugleich den Profilumfang U in m an.

7.4 Warmgewalzter ungleichschenkliger rundkantiger Winkelstahl (Auswahl)

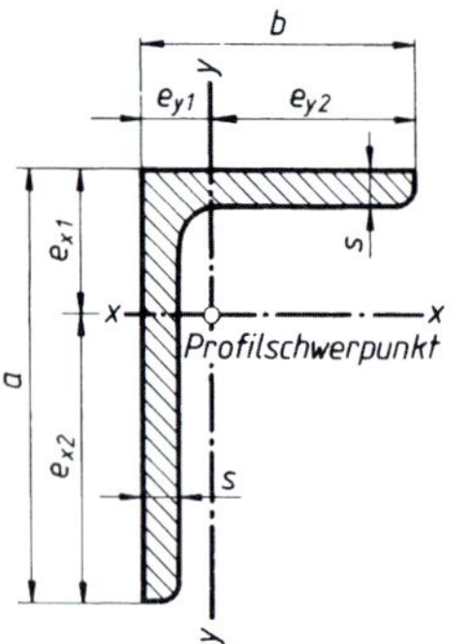

Beispiel für die Bezeichnung und Auswertung eines ungleichschenkligen Winkelstahls:

L EN 10056-1 – 30 × 20 × 4

Schenkel breite	a	= 30 mm, b = 20 mm
Schenkeldicke	s	= 4 mm
Flächenmoment 2. Grades	I_x	$= 1{,}59 \cdot 10^4\ \text{mm}^4$
Widerstandsmomente	W_{x1}	$= 1{,}54 \cdot 10^3\ \text{mm}^3$ $W_{x2} = 0{,}81 \cdot 10^3\ \text{mm}^3$
Oberfläche je Meter Länge	A'_0	$= 0{,}097\ \text{m}^2/\text{m}$
Profilumfang	U	= 0,097 m
Gewichtskraft je Meter Länge	F'_G	= 14,2 N/m
Trägheitsradius	$i_x = \sqrt{I_x / A}$	= 9,27 mm

Kurzzeichen L	a mm	b mm	s mm	Querschnitt A mm²	e_{x1}/e_{y1} mm	I_x $\cdot 10^4\text{mm}^4$	W_{x1} $\cdot 10^3\text{mm}^3$	W_{x2} $\cdot 10^3\text{mm}^3$	I_y $\cdot 10^4\text{mm}^4$	W_{y1} $\cdot 10^3\text{mm}^3$	W_{y2} $\cdot 10^3\text{mm}^3$	Oberfläche je Meter Länge A'_0 m²/m [1)]	Gewichtskraft je Meter Länge F'_G N/m
30 × 20 × 4	30	20	4	185	10,3 /5,4	1,59	1,54	0,81	0,55	1,02	0,38	0,097	14,2
40 × 20 × 4	40	20	4	225	14,7/ 4,8	3,59	2,44	1,42	0,60	1,25	0,39	0,117	17,4
45 × 30 × 5	45	30	5	353	15,2/ 7,8	6,99	4,60	2,35	2,47	3,17	1,11	0,146	27,2
50 × 40 × 5	50	40	5	427	15,6/10,7	10,4	6,67	3,02	5,89	5,50	2,01	0,177	32,9
60 × 30 × 7	60	30	7	585	22,4/ 7,6	20,7	9,24	5,50	3,41	4,49	1,52	0,175	45,0
60 × 40 × 6	60	40	6	568	20,0/10,1	20,1	10,1	5,03	7,12	7,05	2,38	0,195	43,7
65 × 50 × 5	65	50	5	554	19,9/12,5	23,1	11,6	5,11	11,9	9,52	3,18	0,224	42,7
65 × 50 × 9	65	50	9	958	21,5/14,1	38,2	17,8	8,77	19,4	13,8	5,39	0,224	73,7
75 × 50 × 7	75	50	7	830	24,8/12,5	46,4	18,7	9,24	16,5	13,2	4,39	0,244	63,8
75 × 55 × 9	75	55	9	1090	24,7/14,8	59,4	24,0	11,8	26,8	18,1	6,66	0,254	84,2
80 × 40 × 6	80	40	6	689	28,5/ 8,8	44,9	15,8	8,73	7,59	8,63	2,44	0,234	53,1
80 × 40 × 8	80	40	8	901	29,4/ 9,5	57,6	19,6	11,4	9,68	10,2	3,18	0,234	69,3
80 × 65 × 8	80	65	8	1100	24,7/17,3	68,1	27,6	12,3	40,1	23,2	8,41	0,283	84,9
90 × 60 × 6	90	60	6	869	28,9/14,1	71,7	24,8	11,7	25,8	18,3	5,61	0,294	66,9
90 × 60 × 8	90	60	8	1140	29,7/14,9	92,5	31,1	15,4	33,0	22,0	7,31	0,294	87,9
100 × 50 × 6	100	50	6	873	34,9/10,4	87,7	25,1	13,8	15,3	14,7	3,86	0,292	67,2
100 × 50 × 8	100	50	8	1150	35,9/11,3	116	32,3	18,0	19,5	17,3	5,04	0,292	88,2
100 × 50 × 10	100	50	10	1410	36,7/12,0	141	38,4	22,2	23,4	19,5	6,17	0,292	108,9
100 × 65 × 9	100	65	9	1420	33,2/15,9	141	42,5	21,0	46,7	29,4	9,52	0,321	108,9
100 × 75 × 9	100	75	9	1510	31,5/19,1	148	47,0	21,5	71,0	37,0	12,7	0,341	115,7
120 × 80 × 8	120	80	8	1550	38,3/18,7	226	59,0	27,6	80,8	43,2	13,2	0,391	119,6
120 × 80 × 10	120	80	10	1910	39,2/19,5	276	70,4	34,1	98,1	50,3	16,2	0,391	147,1
120 × 80 × 12	120	80	12	2270	40,0/20,3	323	80,8	40,4	114	56,0	19,1	0,391	174,6
130 × 65 × 10	130	65	10	1860	46,5/14,5	321	69,0	38,4	54,2	37,4	10,7	0,381	143,2
130× 75 × 10	130	75	10	1960	44,5/17,3	337	75,7	39,4	82,9	47,9	14,4	0,401	151,0
130 × 75 × 12	130	75	12	2330	45,3/18,1	395	87,2	46,6	96,5	53,3	17,0	0,401	179,5
130 × 90 × 10	130	90	10	2120	41,5/21,8	358	86,3	40,5	141	65,0	20,6	0,430	162,8
130 × 90 × 12	130	90	12	2510	42,4/22,6	420	99,1	48,0	165	73,0	24,4	0,430	193,2
150 × 75 × 9	150	75	9	1950	52,8/15,7	455	86,2	46,8	78,3	49,9	13,2	0,441	150,0
150 × 75 × 11	150	75	11	2360	53,7/16,5	545	101	56,6	93,0	56,0	15,9	0,441	182,4
150 × 90 × 10	150	90	10	2320	49,9/20,3	532	107	53,1	145	71,0	20,9	0,469	178,5
150 × 90 × 12	150	90	12	2750	50,8/21,1	626	123	63,1	170	81,0	24,7	0,469	211,8
150 × 100 × 10	150	100	10	2420	48,0/23,4	552	115	54,1	198	85,0	25,8	0,489	186,3
150 × 100 × 12	150	100	12	2870	48,9/24,2	650	133	64,2	232	96,0	30,6	0,489	221,6
150 × 100 × 14	150	100	14	3320	49,7/25,0	744	150	74,1	264	106	35,2	0,489	255,9
160 × 80 × 12	160	80	12	2750	57,2/17,7	720	126	70,0	122	69,0	19,6	0,469	211,8
200 × 100 × 10	200	100	10	2920	69,3/20,1	1220	176	93,2	210	104	26,3	0,587	225,6
200 × 100 × 14	200	100	14	4030	71,2/21,8	1650	232	128	282	129	36,1	0,587	309,9
250 × 90 × 10	250	90	10	3320	94,5/15,6	2170	230	140	161	103	21,7	0,667	255,9
250 × 90 × 14	250	90	14	4590	96,5/17,3	2960	307	192	216	125	29,7	0,667	353,0

[1)] Die Zahlenwerte geben zugleich den Profilumfang U in m an.

7.5 Warmgewalzte schmale I-Träger (Auswahl)

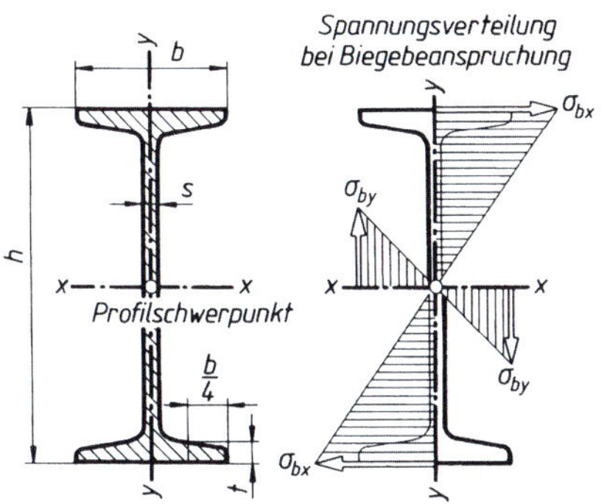

Beispiel für die Bezeichnung und Auswertung eines schmalen I-Trägers mit geneigten inneren Flanschflächen:

I-Profil DIN 1025 – S235JR – I 80

Höhe	h	= 80 mm
Breite	b	= 42 mm
Flächenmoment 2. Grades	I_x	$= 77{,}8 \cdot 10^4$ mm^4
Widerstandsmoment	W_x	$= 19{,}5 \cdot 10^3$ mm^3
Oberfläche je Meter Länge	A'_0	= 0,304 m^2/m
Profilumfang	U	= 0,304 m
Trägheitsradius	$i_x = \sqrt{I_x / A}$	= 32 mm

Kurzzeichen I	h mm	b mm	s mm	t mm	Querschnitt A mm^2	I_x $\cdot 10^4$ mm^4	W_x $\cdot 10^3$ mm^3	I_y $\cdot 10^4$ mm^4	W_y $\cdot 10^3$ mm^3	Oberfläche je Meter Länge A'_0 m^2/m [1)]	Gewichtskraft je Meter Länge F'_G N/m
80	80	42	3,9	5,9	758	77,8	19,5	6,29	3,00	0,304	58,4
100	100	50	4,5	6,8	1060	171	34,2	12,2	4,88	0,370	81,6
120	120	58	5,1	7,7	1420	328	54,7	21,5	7,41	0,439	110
140	140	66	5,7	8,6	1830	573	81,9	35,2	10,7	0,502	141
160	160	74	6,3	9,5	2280	935	117	54,7	14,8	0,575	176
180	180	82	6,9	10,4	2790	1450	161	81,3	19,8	0,640	215
200	200	90	7,5	11,3	3350	2140	214	117	26,0	0,709	258
220	220	98	8,1	12,2	3960	3060	278	162	33,1	0,775	305
240	240	106	8,7	13,1	4610	4250	354	221	41,7	0,844	355
260	260	113	9,4	14,1	5340	5740	442	288	51,0	0,906	411
280	280	119	10,1	15,2	6110	7590	542	364	61,2	0,966	471
300	300	125	10,8	16,2	6910	9800	653	451	72,2	1,03	532
320	320	131	11,5	17,3	7780	12510	782	555	84,7	1,09	599
340	340	137	12,2	18,3	8680	15700	923	674	98,4	1,15	668
360	360	143	13,0	19,5	9710	19610	1090	818	114	1,21	746
380	380	149	13,7	20,5	10700	24010	1260	975	131	1,27	824
400	400	155	14,4	21,6	11800	29210	1460	1160	149	1,33	908
425	425	163	15,3	23,0	13200	36970	1740	1440	176	1,41	1020
450	450	170	16,2	24,3	14700	45850	2040	1730	203	1,48	1128
475	475	178	17,1	25,6	16300	56480	2380	2090	235	1,55	1256
500	500	185	18,0	27,0	18000	68740	2750	2480	268	1,63	1383
550	550	200	19,0	30,0	21300	99180	3610	3490	349	1,80	1638
600	600	215	21,6	32,4	25400	139000	4630	4670	434	1,92	1952

[1)] Die Zahlenwerte geben zugleich den Profilumfang U in m an.

7.6 Warmgewalzte T-Träger (Auswahl)

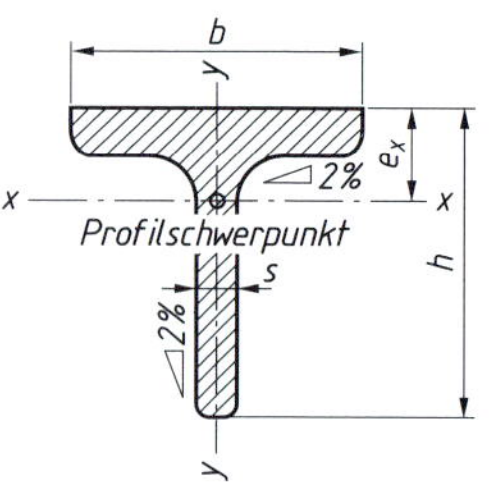

Beispiel für die Bezeichnung und Auswertung eines T-Trägers:
T80 EN 10055 – S235JR

Höhe	h	$= b = 80$ mm
Breite	b	$= h$
Flächenmoment 2. Grades	I_x	$= 73{,}7 \cdot 10^4\ mm^4$
Widerstandsmoment	W_x	$= 12{,}8 \cdot 10^3\ mm^3$

Kurzzeichen T	$b = h$ mm	s mm	Querschnitt A mm^2	e_x mm	I_x $\cdot 10^4\ mm^4$	W_x $\cdot 10^3\ mm^3$	I_y $\cdot 10^4\ mm^4$	W_y $\cdot 10^3\ mm^3$	Gewichtskraft je Meter Länge F'_G N/m
30	30	4,00	226	8,5	1,72	0,80	0,87	0,58	17,35
35	35	4,50	297	9,9	3,10	1,23	1,57	0,90	22,84
40	40	5,00	377	11,2	5,28	1,84	2,58	1,29	29,01
50	50	6,00	566	13,9	12,10	3,36	6,60	2,42	43,51
60	60	7,00	794	16,6	23,80	5,48	12,20	4,07	61,06
70	70	8,00	1060	19,4	44,50	8,79	22,10	6,32	81,54
80	80	9,00	1360	22,2	73,70	12,80	37,00	9,25	104,87
100	100	11,00	2090	27,4	179,00	24,60	88,30	17,70	160,73
120	120	13,00	2960	32,8	366,00	42,00	178,00	29,70	227,38
140	140	15,00	3990	38	660,00	64,70	330,00	47,20	306,76

7.7 Warmgewalzte I-Träger, IPE-Reihe (Auswahl)

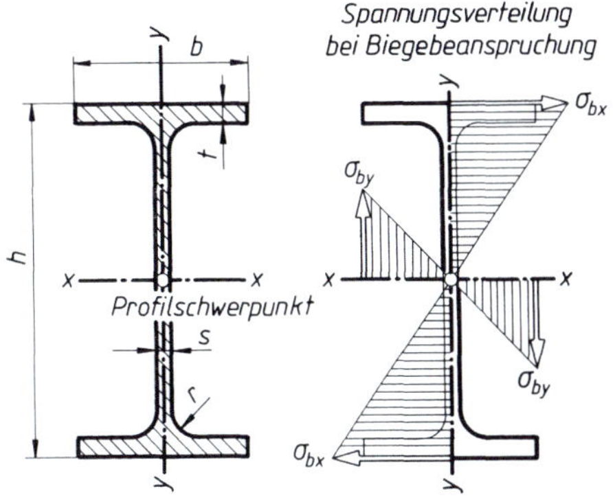

Beispiel für die Bezeichnung und Auswertung eines mittelbreiten I-Trägers mit parallelen Flanschflächen:

IPE 80 DIN 1025 – S235JR

Höhe $h = 80$ mm

Breite $b = 46$ mm

Flächenmoment $I_x = 80{,}1 \cdot 10^4\ \text{mm}^4$

Widerstandsmoment $W_x = 20{,}0 \cdot 10^3\ \text{mm}^3$

Oberfläche je Meter Länge $A'_0 = 0{,}328\ \text{m}^2/\text{m}$

Profilumfang $U = 0{,}328$ m

Trägheitsradius $I_x = \sqrt{I_x / A} = 32{,}4$ mm

Kurzzeichen IPE	b mm	t mm	h mm	s mm	r mm	Querschnitt A mm²	I_x $\cdot 10^4$ mm⁴	W_x $\cdot 10^3$ mm³	I_y $\cdot 10^4$ mm⁴	W_y $\cdot 10^3$ mm³	Oberfläche je Meter Länge A'_0 m²/m [1]	Gewichtskraft je Meter Länge F'_G N/m
80	46	5,2	80	3,8	5	764	80,1	20,0	8,49	3,69	0,328	59
100	55	5,7	100	4,1	7	1030	171	34,2	15,9	5,79	0,400	79
120	64	6,3	120	4,4	7	1320	318	53,0	27,7	8,65	0,475	102
140	73	6,9	140	4,7	7	1640	541	77,3	44,9	12,3	0,551	126
160	82	7,4	160	5,0	9	2010	869	109	68,3	16,7	0,623	155
180	91	8,0	180	5,3	9	2390	1320	146	101	22,2	0,698	184
200	100	8,5	200	5,6	12	2850	1940	194	142	28,5	0,768	220
220	110	9,2	220	5,9	12	3340	2770	252	205	37,3	0,848	257
240	120	9,8	240	6,2	15	3910	3890	324	284	473	0,922	301
270	135	10,2	270	6,6	15	4590	5790	429	420	62,2	1,041	353
300	150	10,7	300	7,1	15	5380	8360	557	604	80,5	1,155	414
330	160	11,5	330	7,5	18	6260	11770	713	788	98,5	1,254	482
360	170	12,7	360	8,0	18	7270	16270	904	1040	123	1,348	560
400	180	13,5	400	8,6	21	8450	23130	1160	1320	146	1,467	651
450	190	14,6	450	9,4	21	9880	33740	1500	1680	176	1,605	761
500	200	16,0	500	10,2	21	11600	48200	1930	2140	214	1,738	893
550	210	17,2	550	11,1	24	13400	67120	2440	2670	254	1,877	1032
600	220	19,0	600	12,0	24	15600	92080	3070	3390	308	2,014	1200

[1] Die Zahlenwerte geben zugleich den Profilumfang U in m an.

7.8 Warmgewalzter rundkantiger U-Stahl (Auswahl)

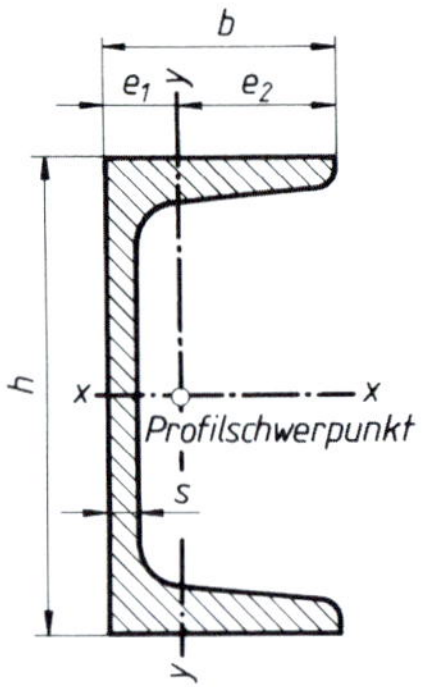

Beispiel für die Bezeichnung und Auswertung eines U-Stahls:

U 100 DIN EN 10025-4

Höhe	h	$= 100$ mm
Breite	b	$= 50$ mm
Flächenmoment 2. Grades	I_x	$= 206 \cdot 10^4$ mm^4
Widerstandsmoment	W_x	$= 41{,}2 \cdot 10^3$ mm^3
Flächenmoment 2.Grades	I_y	$= 29{,}3 \cdot 10^4$ mm^4
Widerstandsmoment	W_{y1}	$= 18{,}9 \cdot 10^3$ mm^3 $\quad W_{y2} = 8{,}49 \cdot 10^3$ mm^3
Oberfläche je Meter Länge	A'_0	$= 0{,}372$ m^2/m
Profilumfang	U	$= 0{,}372$ m
Trägheitsradius	$i_x = \sqrt{I_x / A}$	$= 39{,}1$ mm

Kurzzeichen U	h mm	b mm	s mm	Querschnitt A mm^2	e_1/e_2 mm	I_x $\cdot 10^4$ mm^4	W_x $\cdot 10^3$ mm^3	I_y $\cdot 10^4$ mm^4	W_{y1} $\cdot 10^3$ mm^3	W_{y2} $\cdot 10^3$ mm^3	Oberfläche je Meter Länge A'_0 m^2/m [1)]	Gewichtskraft je Meter Länge F'_G N/m
30 × 15	30	15	4	221	5,2/ 9,8	2,53	1,69	0,38	0,73	0,39	0,103	17,0
30	30	33	5	544	13,1/19,9	6,39	4,26	5,33	4,07	2,68	0,174	41,9
40 × 20	40	20	5	366	6,7/13,3	7,58	3,79	1,14	1,70	0,86	0,142	28,2
40	40	35	5	621	13,3/21,7	14,1	7,05	6,68	5,02	3,08	0,200	47,8
50 × 25	50	25	5	492	8,1/16,9	16,8	6,73	2,49	3,07	1,47	0,181	37,9
50	50	38	5	712	13,7/24,3	26,4	10,6	9,12	6,66	3,75	0,232	54,8
60	60	30	6	646	9,1/20,9	31,6	10,5	4,51	4,98	2,16	0,215	49,7
65	65	42	5,5	903	14,2/27,8	57,5	17,7	14,1	9,93	5,07	0,273	69,5
80	80	45	6	1100	14,5/30,5	106	26,5	19,4	13,4	6,36	0,312	84,7
100	100	50	6	1350	15,5/34,5	206	41,2	29,3	18,9	8,49	0,372	104,0
120	120	55	7	1700	16,0/39,0	364	60,7	43,2	27,0	11,1	0,434	130,9
140	140	60	7	2040	17,5/42,5	605	86,4	62,7	35,8	14,8	0,489	157,1
160	160	65	7,5	2400	18,4/46,6	925	116	85,3	46,4	18,3	0,546	184,8
180	180	70	8	2800	19,2/50,8	1350	150	114	59,4	22,4	0,611	215,6
200	200	75	8,5	3220	20,1/54,9	1910	191	148	73,6	27,0	0,661	248,0
220	220	80	9	3740	21,4/58,6	2690	245	197	92,1	33,6	0,718	288,0
240	240	85	9,5	4230	22,3/62,7	3600	300	248	111	39,6	0,775	325,7
260	260	90	10	4830	23,6/66,4	4820	371	317	134	47,7	0,834	372
280	280	95	10	5330	25,3/69,7	6280	448	399	158	57,3	0,890	410,5
300	300	100	10	5880	27,0/73,0	8030	535	495	183	67,8	0,950	452,8
320	320	100	14	7580	26,0/74,0	10870	679	597	230	80,7	0,982	583,7
350	350	100	14	7730	24,0/76,0	12840	734	570	238	75,0	1,05	595,3
380	380	102	13,5	8040	23,8/78,2	15760	829	615	258	78,6	1,11	619,1
400	400	110	14	9150	26,5/83,5	20350	1020	846	355	101	1,18	704,6

[1)] Die Zahlenwerte geben zugleich den Profilumfang U in m an.

8 Allgemeine Tabellen

8.1 Vorsatzzeichen zur Bildung von dezimalen Vielfachen und Teilen von Basiseinheiten oder abgeleiteten Einheiten mit selbstständigem Namen

Vorsatz	Kurzzeichen	Bedeutung	Beispiel	
Tera	T	10^{12} Einheiten	1 Terameter (Tm)	$= 10^{12}$ m
Giga	G	10^{9} Einheiten	1 Gigagramm (Gg)	$= 10^{9}$ g $= 10^{6}$ kg $= 10^{3}$ t = 1000 t
Mega	M	10^{6} Einheiten	1 Megagramm (Mg)	$= 10^{6}$ g $= 10^{3}$ kg = 1 t
Kilo	k	10^{3} Einheiten	1 Kilogramm (kg)	$= 10^{3}$ g = 1000 g
Hekto	h	10^{2} Einheiten	1 Hektoliter (hl)	$= 10^{2}\ l = 100\ l$
Deka	da	10^{1} Einheiten	1 Dekameter (dam)	= 10 m
Dezi	d	10^{-1} Einheiten	1 Deziliter (dl)	$= 0{,}1\ l$
Zenti	c	10^{-2} Einheiten	1 Zentimeter (cm)	= 0,01 m $= 10^{-2}$ m
Milli	m	10^{-3} Einheiten	1 Millisekunde (ms)	= 0,001 s $= 10^{-3}$ s
Mikro	µ	10^{-6} Einheiten	1 Mikrometer (μm)	= 0,000 001 m $= 10^{-6}$ m
Nano	n	10^{-9} Einheiten	1 Nanosekunde (ns)	$= 10^{-9}$ s
Pico	P	10^{-12} Einheiten	1 Picofarad (pF)	$= 10^{-12}$ F

8.2 Normzahlen (DIN 323)

Reihe R 5	1,00	1,60	2,50	4,00	6,30	10,00						
Reihe R 10	1,00	1,25	1,60	2,00	2,50	3,15	4,00	5,00	6,30	8,00	10,00	
Reihe R 20	1,00	1,12	1,25	1,40	1,60	1,80	2,00	2,24	2,50	2,80	3,15	3,55
	4,00	4,50	5,00	5,50	6,30	7,10	8,00	9,00	10,00			
Reihe R 40	1,00	1,06	1,12	1,18	1,25	1,32	1,40	1,50	1,60	1,70	1,80	1,90
	2,00	2,12	2,24	2,36	2,50	2,65	2,80	3,00	3,15	3,35	3,55	3,75
	4,00	4,25	4,50	4,75	5,00	5,30	5,60	6,00	6,30	6,70	7,10	7,50
	8,00	8,50	9,00	9,50	10,00							

A. Böge, W. Böge, *Formeln und Tabellen zur Technischen Mechanik*, https://doi.org/10.1007/978-3-658-44430-3_8

8.3 Umrechnungsbeziehungen für gesetzliche Einheiten

Größe	Gesetzliche Einheit		Früher gebräuchliche Einheit (nicht mehr zulässig) und Umrechnungsbeziehung
	Name und Einheitenzeichen	ausgedrückt als Potenzprodukt der Basiseinheiten	
Kraft F	Newton N	$1\ \text{N} = 1\ \text{m kg s}^{-2}$	Kilopond kp $1\ \text{kp} = 9{,}80665\ \text{N} \approx 10\ \text{N}$ $1\ \text{kp} \approx 1\ \text{daN}$
Druck p	$\dfrac{\text{Newton}}{\text{Quadratmeter}}\ \dfrac{\text{N}}{\text{m}^2}$ $1\ \dfrac{\text{N}}{\text{m}^2} = 1\ \text{Pascal Pa}$ $1\ \text{bar} = 10^5\ \text{Pa}$	$1\ \dfrac{\text{N}}{\text{m}^2} = 1\ \text{m}^{-1}\ \text{kg s}^{-2}$	Meter Wassersäule mWS $1\ \text{mWS} = 9{,}806\,65 \cdot 10^3\ \text{Pa}$ $1\ \text{mWS} \approx 0{,}1\ \text{bar}$ Millimeter Wassersäule mm WS $1\ \text{mm WS} \approx 9{,}806\,65\ \dfrac{\text{N}}{\text{m}^2} \approx 10\ \text{Pa}$ Millimeter Quecksilbersäule mmHg $1\ \text{mmHg} = 133{,}3224\ \text{Pa}$ Torr $1\ \text{Torr} = 133{,}3224\ \text{Pa}$ Technische Atmosphäre at $1\ \text{at} = 1\ \dfrac{\text{kp}}{\text{cm}^2} = 9{,}80665 \cdot 10^4\ \text{Pa}$ $1\ \text{at} \approx 1\ \text{bar}$ Physikalische Atmosphäre atm $1\ \text{atm} = 1{,}01325 \cdot 10^5\ \text{Pa} \approx 1{,}01\ \text{bar}$
Die gebräuchlichsten Vorsätze und deren Kurzzeichen	für das Millionenfache (10^6fache) der Einheit: für das Tausendfache (10^3fache) der Einheit: für das Zehnfache (10fache) der Einheit: für das Hundertstel (10^{-2}fache) der Einheit: für das Tausendstel (10^{-3}fache) der Einheit: für das Millionstel (10^{-6}fache) der Einheit:	Mega M Kilo k Deka da Zenti c Milli m Mikro µ	
Mechanische Spannung σ, τ, ebenso Festigkeit, Flächenpressung, Lochleibungsdruck	$\dfrac{\text{Newton}}{\text{Quadratmillimeter}}\ \dfrac{\text{N}}{\text{mm}^2}$ $1 \dfrac{\text{N}}{\text{mm}^2} = 10^6\ \dfrac{\text{N}}{\text{m}^2} = 10^6\ \text{Pa}$ $1 \dfrac{\text{N}}{\text{mm}^2} = 1\ \text{MPa} = 10\ \text{bar}$	$1 \dfrac{\text{N}}{\text{mm}^2} = 10^6\ \text{m}^{-1}\ \text{kg s}^{-2}$	$\dfrac{\text{kp}}{\text{mm}^2}$ und $\dfrac{\text{kp}}{\text{cm}^2}$ $1 \dfrac{\text{kp}}{\text{mm}^2} = 9{,}80665 \dfrac{\text{N}}{\text{mm}^2} \approx 10 \dfrac{\text{N}}{\text{mm}^2}$ $1 \dfrac{\text{kp}}{\text{cm}^2} = 0{,}0980665 \dfrac{\text{N}}{\text{mm}^2} \approx 0{,}1 \dfrac{\text{N}}{\text{mm}^2}$
Drehmoment M Biegemoment M_b Torsionsmoment M_T	Newtonmeter Nm	$1\ \text{Nm} = 1\ \text{m}^2\ \text{kg s}^{-2}$	Kilopondmeter kpm $1\ \text{kpm} = 9{,}80665\ \text{Nm} \approx 10\ \text{Nm}$ Kilopondzentimeter kpcm $1\ \text{kpcm} = 0{,}0980665\ \text{Nm} \approx 0{,}1\ \text{Nm}$
Arbeit W Energie E	Joule J 1 J = 1 Nm = 1 Ws	$1\ \text{J} = 1\ \text{Nm} = 1\ \text{m}^2\ \text{kg s}^{-2}$	Kilopondmeter kpm $1\ \text{kpm} = 9{,}80665\ \text{J} \approx 10\ \text{J}$
Leistung P	Watt W $1\ \text{W} = 1 \dfrac{\text{J}}{\text{s}} = 1 \dfrac{\text{Nm}}{\text{s}}$	$1\ \text{W} = 1\ \text{m}^2\ \text{kg s}^{-3}$	$\dfrac{\text{Kilopondmeter}}{\text{Sekunde}}\ \dfrac{\text{kpm}}{\text{s}}$ $1 \dfrac{\text{kpm}}{\text{s}} = 9{,}80665\ \text{W} \approx 10\ \text{W}$ Pferdestärke PS $1\ \text{PS} = 75\ \dfrac{\text{kpm}}{\text{s}} = 735{,}49875\ \text{W}$

Größe	Gesetzliche Einheit Name und Einheitenzeichen	Gesetzliche Einheit ausgedrückt als Potenzprodukt der Basiseinheiten	Früher gebräuchliche Einheit (nicht mehr zulässig) und Umrechnungsbeziehung
Impuls $F\,\Delta t$	Newtonsekunde Ns $1\ \text{Ns} = 1\ \frac{\text{kgm}}{\text{s}}$	$1\ \text{Ns} = 1\ \text{m kg s}^{-1}$	Kilopondsekunde kps $1\ \text{kps} = 9{,}80665\ \text{Ns} \approx 10\ \text{Ns}$
Drehimpuls $M\,\Delta t$	Newtonmetersekunde Nms $1\ \text{Nms} = 1\ \frac{\text{kgm}^2}{\text{s}}$	$1\ \text{Nms} = 1\ \text{m}^2\ \text{kg s}^{-1}$	Kilopondmetersekunde kpms $1\ \text{kpms} = 9{,}80665\ \text{Nms} \approx 10\ \text{Nms}$
Trägheitsmoment J	Kilogrammmeterquadrat kgm^2	$1\ \text{m}^2\ \text{kg}$	Kilopondmetersekundequadrat kpms^2 $1\ \text{kpms}^2 = 9{,}80665\ \text{kgm}^2 \approx 10\ \text{kgm}^2$
Wärme, Wärmemenge Q	Joule J $1\ \text{J} = 1\ \text{Nm} = 1\ \text{Ws}$	$1\ \text{J} = 1\ \text{Nm} = 1\ \text{m}^2\ \text{kg s}^{-2}$	Kalorie cal $1\ \text{cal} = 4{,}1868\ \text{J}$ Kilokalorie kcal $1\ \text{kcal} = 4186{,}8\ \text{J}$
Temperatur T	Kelvin K	Basiseinheit Kelvin K	Grad Kelvin °K 1 °K = 1 K
Temperaturintervall ΔT	Kelvin K und Grad Celsius °C	Basiseinheit Kelvin K	Grad grd 1 grd = 1 K = 1 °C
Celsius-Temperatur t, ϑ	Grad Celsius °C	Basiseinheit °C	
Längenausdehnungskoeffizient α_l	Eins durch Kelvin $\frac{1}{\text{K}}$	$\frac{1}{\text{K}} = \text{K}^{-1}$	$\frac{1}{\text{grd}}, \frac{1}{°\text{C}}$ $\frac{1}{\text{grd}} = \frac{1}{°\text{C}} = \frac{1}{\text{K}}$

8.4 Griechisches Alphabet

Alpha	A, α	Eta	H, η	Ny	N, ν	Tau	T, τ
Beta	B, β	Theta	$\Theta, \theta, \vartheta$	Xi	Ξ, ξ	Ypsilon	Υ, υ
Gamma	Γ, γ	Jota	I, ι	Omikron	O, o	Phi	Φ, ϕ, φ
Delta	Δ, δ	Kappa	K, κ, k	Pi	Π, π	Chi	X, χ
Epsilon	E, ε	Lambda	Λ, λ	Rho	$\mathrm{P}, \rho, \varrho$	Psi	Ψ, ψ
Zeta	Z, ζ	My	M, μ	Sigma	Σ, σ	Omega	Ω, ω

9 Mathematische Hilfen

1. Rechnen mit Null $a \cdot b = 0$ heißt $a = 0$ oder $b = 0$ $\quad 0 \cdot a = 0 \quad 0 : a = 0$

2. Quotient $a = \frac{b}{n} = b : n \quad n \neq 0$

b Dividend
n Divisor
Division durch Null gibt es nicht.

3. Binomische Formeln, Polygon

$$(a \pm b)^1 = a \pm b$$
$$(a \pm b)^2 = a^2 \pm 2ab + b^2$$
$$(a \pm b)^3 = a^3 \pm 3a^2b + 3ab^2 \pm b^3$$
$$(a \pm b)^4 = a^4 \pm 4a^3b + 6a^2b^2 \pm 4ab^3 + b^4$$

allgemeine Form:

$$(a \pm b)^n = a^n \pm n \cdot a^{n-1} \cdot b + \ldots + (\pm 1)^{n-1} \cdot n \cdot a \cdot b^{n-1} + (\pm 1)^n \cdot b^n$$
$$a^2 - b^2 = (a + b)(a - b)$$

4. Arithmetisches Mittel $x_a = \frac{x_1 + x_2 + \ldots + x_n}{n}$ *Beispiel:* $x_a = \frac{2 + 3 + 6}{3} = 3{,}67$

5. Geometrisches Mittel $x_g = \sqrt[n]{x_1 \cdot x_2 \cdot \ldots \cdot x_n}$ *Beispiel:* $x_g = \sqrt[3]{2 \cdot 3 \cdot 6} = \sqrt[3]{36} = 3{,}3$

6. Erste und nullte Potenz $a^1 = a \quad a^0 = 1$ *Beispiel:* $7^1 = 7 \quad 7^0 = 1$

7. Negativer Exponent $a^{-n} = \frac{1}{a^n} \quad a^{-1} = \frac{1}{a}$ *Beispiel:* $7^{-2} = \frac{1}{7^2} \quad 7^{-1} = \frac{1}{7}$

8. Zehnerpotenzen

$10^0 = 1$	$10^6 = 1$ Million	$10^{-1} = 0{,}1$
$10^1 = 10$	$10^9 = 1$ Milliarde	$10^{-2} = 0{,}01$
$10^2 = 100$	$10^{12} = 1$ Billion	$10^{-3} = 0{,}001$
$10^3 = 1000$	$10^{15} = 1$ Billiarde usw.	$10^{-4} = 0{,}0001$ usw.

9. Wurzel-Definition

$\sqrt[n]{c} = a \rightarrow a^n = c$

$a \geq 0$ und $c \geq 0$ *Beispiel:* $\sqrt[4]{81} = 3 \rightarrow 3^4 = 81$

$\sqrt{}$ immer positiv

10. Wurzeln als Potenzen mit gebrochenen Exponenten.

$$\sqrt[n]{c} = c^{\frac{1}{n}}$$

$$\sqrt[-n]{c} = c^{-\frac{1}{n}} = \frac{1}{c^{\frac{1}{n}}} = \frac{1}{\sqrt[n]{c}} = \sqrt[n]{\frac{1}{c}} = \sqrt[n]{c^{-1}}$$ *Beispiel:* $\sqrt[4]{81} = 81^{\frac{1}{4}} = 3$

A. Böge, W. Böge, *Formeln und Tabellen zur Technischen Mechanik*, https://doi.org/10.1007/978-3-658-44430-3_9

11. Quadratische Gleichung (allgemeine Form)

$$a_2 x^2 + a_1 x + a_0 = 0 \quad (a_2 \neq 0)$$

12. Quadratische Gleichung (Normalform)

$$x^2 + \frac{a_1}{a_2} x + \frac{a_0}{a_2} = x^2 + p x + q = 0$$

13. Quadratische Gleichung (Lösungsformel mit Beispiel)

$$x_{1,2} = -\frac{p}{2} \pm \sqrt{\left(\frac{p}{2}\right)^2 - q}$$

Beispiel:

$$\left.\begin{aligned} 25x^2 - 70x + 13 &= 0 \\ x^2 - \frac{70}{25}x + \frac{13}{25} &= 0 \end{aligned}\right\} x_{1,2} = +\frac{70}{50} \pm \sqrt{\left(\frac{70}{50}\right)^2 - \frac{13}{25}}$$

$$x_1 = +\frac{7}{5} + \sqrt{\frac{49}{25} - \frac{13}{25}} = \frac{13}{5}$$

$$x_2 = \frac{1}{5}$$

Die Lösungen x_1 und x_2 sind

a) beide verschieden und reell, wenn der Wurzelwert positiv ist
b) beide gleich und reell, wenn der Wurzelwert null ist
c) beide konjugiert komplex, wenn der Wurzelwert negativ ist.

14. Kontrolle der Lösungen (Viëta)

$$x_1 + x_2 = -p$$

$$x_1 \cdot x_2 = q$$

Im Beispiel ist $p = -\frac{70}{25}$ und $q = \frac{13}{25}$ also

$$x_1 + x_2 = \frac{13}{5} + \frac{1}{5} = \frac{14}{5} = \frac{70}{25} = -p$$

$$x_1 \cdot x_2 = \frac{13}{5} \cdot \frac{1}{5} = \frac{13}{25} = q$$

A Fläche, *r* Umkreisradius, *ϱ* Inkreisradius, *U* Umfang

15a.

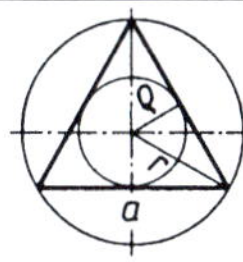

Dreieck (gleichseitiges)

$$A = \frac{a^2}{4}\sqrt{3}$$

$$r = \frac{a}{3}\sqrt{3}$$

$$\varrho = \frac{a}{6}\sqrt{3}$$

15b.

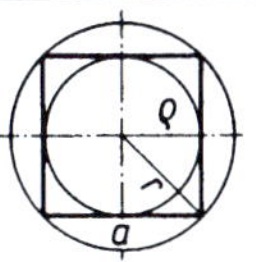

Viereck (Quadrat)

$$A = a^2$$

$$r = \frac{a}{2}\sqrt{2}$$

$$\varrho = \frac{a}{2}$$

16a.

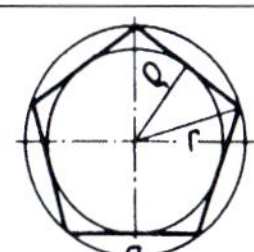

Fünfeck

$$A = \frac{a^2}{4}\sqrt{25 + 10\sqrt{5}}$$

$$r = \frac{a}{10}\sqrt{50 + 10\sqrt{5}}$$

$$\varrho = \frac{a}{10}\sqrt{25 + 10\sqrt{5}}$$

16b.

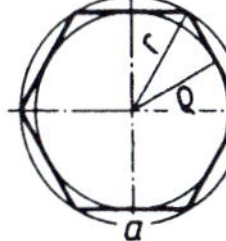

Sechseck

$$A = \frac{3}{2}a^2\sqrt{3}$$

$$r = a$$

$$\varrho = \frac{a}{2}\sqrt{3}$$

17a.

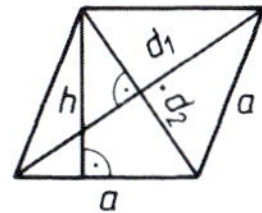

Rhombus

$$A = a \cdot h = \frac{d_1 d_2}{2}$$

$$U = 4a$$

17b.

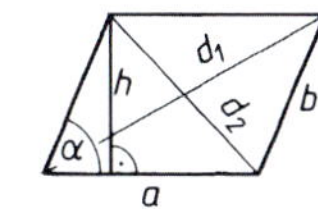

Parallelogramm

$$A = a \cdot h = a \cdot b \cdot \sin\alpha$$

$$U = 2(a + b)$$

$$d_1 = \sqrt{(a + h\cot\alpha)^2 + h^2}$$

$$d_2 = \sqrt{(a - h\cot\alpha)^2 + h^2}$$

9 Mathematische Hilfen

18a. **Trapez**

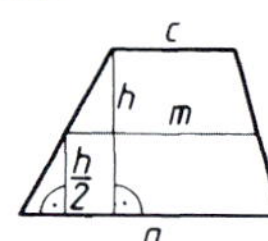

$$A = \frac{a+c}{2} h = m h$$

$$m = \frac{a+c}{2}$$

18b. **Vieleck**

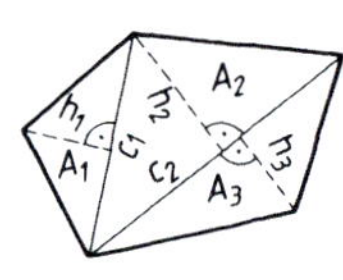

$$A = A_1 + A_2 + A_3$$

$$A = \frac{c_1 h_1 + c_2 h_2 + c_2 h_3}{2}$$

19a. **Regelmäßiges Sechseck**

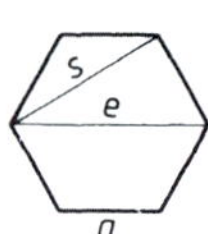

$$A = \frac{3}{2} a^2 \sqrt{3}$$

Schlüsselweite: $s = a\sqrt{3}$

Eckenmaß: $e = 2a$

19b. **Allgemeines Dreieck**

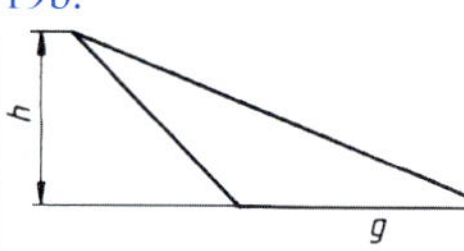

$$A = \frac{g h}{2}$$

20a. **Kreis**

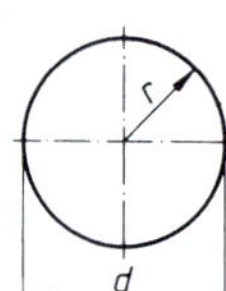

$$A = r^2 \pi = \frac{d^2 \pi}{4}$$

$$U = 2 r \pi = d \pi$$

$$\pi = 3{,}141592$$

20b. **Kreisring**

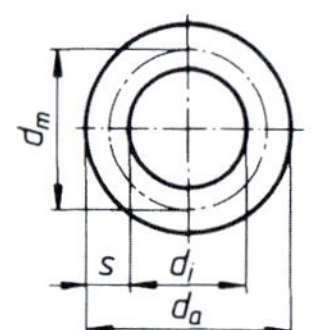

$$A = \pi (r_a^2 - r_i^2)$$

$$A = \frac{\pi}{4} (d_a^2 - d_i^2) = d_m \pi s$$

$$s = \frac{d_a - d_i}{2} \qquad d_m = \frac{d_a + d_i}{2}$$

21a. **Kreissektor**

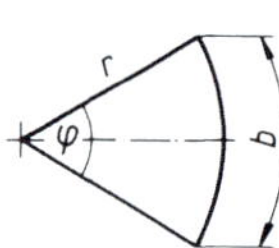

$$A = \frac{b r}{2} = \frac{\varphi^\circ}{360^\circ} \pi r^2 = \frac{\varphi r^2}{2}$$

Bogenlänge b:

$$b = \varphi r = \frac{\varphi^\circ \pi r}{180^\circ}$$

21b. **Kreisringabschnitt**

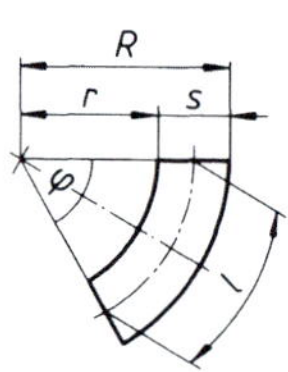

$$A = \frac{\varphi^\circ \cdot \pi}{360^\circ} (R^2 - r^2) = l s$$

mittlere Bogenlänge l:

$$l = \frac{R + r}{2} \cdot \frac{\pi}{180^\circ} \varphi^\circ$$

Ringbreite s:

$$s = R - r$$

22. **Kreisabschnitt**

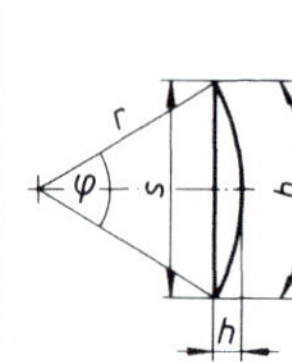

$$A = \frac{r^2}{2} \left(\frac{\varphi^\circ \pi}{180^\circ} - \sin \varphi \right)$$

$$A = \frac{1}{2} [r(b - s) + s h]$$

$$A \approx \frac{2}{3} s h$$

Sehnenlänge s:

$$s = \; s = 2 r \sin \frac{\varphi}{2}$$

Kreisradius r:

$$r = \frac{\left(\frac{s}{2} \right)^2 + h^2}{2h}$$

Bogenhöhe h:

$$h = r \left(1 - \cos \frac{\varphi}{2} \right)$$

$$h = \frac{s}{2} \tan \frac{\varphi}{4}$$

Bogenlänge b:

$$b = \sqrt{s^2 + \frac{16}{3} h^2}$$

$$b = \frac{\varphi^\circ \pi r}{180^\circ} = \varphi r$$

23. Begriff des ebenen Winkels

Der ebene Winkel α (kurz: Winkel α, im Gegensatz zum Raumwinkel) zwischen den beiden Strahlen g_1, g_2 ist die Länge des Kreisbogens b auf dem Einheitskreis, der im Gegenuhrzeigersinn von Punkt P_1 zum Punkt P_2 führt.

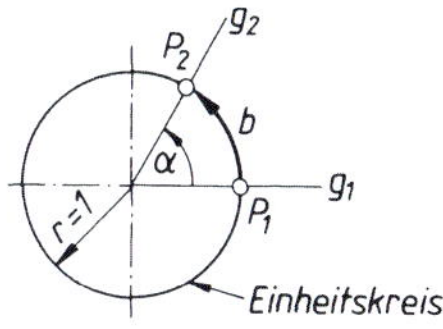

24. Bogenmaß des ebenen Winkels

Die Länge des Bogens b auf dem Einheitskreis ist das Bogenmaß des Winkels.

25. Kohärente Einheit des ebenen Winkels

Die kohärente Einheit (SI-Einheit) des ebenen Winkels ist der Radiant (rad).

$$1\,\text{rad} = \frac{b}{r} = 1$$

Der Radiant ist der ebene Winkel, für den das Verhältnis der Länge des Kreisbogens b zu seinem Radius r gleich eins ist.

26. Vollwinkel und rechter Winkel

Für den Vollwinkel α beträgt der Kreisbogen $b = 2\,\pi\,r$. Es ist demnach:

$$\alpha = \frac{b}{r} = \frac{2\pi r}{r}\,\text{rad} = 2\pi\,\text{rad} \qquad \text{Vollwinkel} = 2\,\pi\,\text{rad}$$

Ebenso ist für den rechten Winkel ($1^{\llcorner}$):

$$\alpha = 1^{\llcorner} = \frac{b}{r} = \frac{2\pi r}{4r}\,\text{rad} = \frac{\pi}{2}\,\text{rad} \qquad \text{rechter Winkel } 1^{\llcorner} = \frac{\pi}{2}\,\text{rad}$$

27. Umrechnung von Winkeleinheiten

Ein Grad (1°) ist der 360ste Teil des Vollwinkels (360°). Folglich gilt:

$$1° = \frac{b}{r} = \frac{2\pi r}{360 r}\,\text{rad} = \frac{2\pi}{360}\,\text{rad} = \frac{\pi}{180}\,\text{rad}$$

$$1° = \frac{\pi}{180}\,\text{rad} \approx 0{,}0175\,\text{rad}$$

oder durch Umstellen:

$$1\,\text{rad} = \frac{1°\cdot 180}{\pi} = \frac{180°}{\pi} \approx 57{,}3°$$

Beispiel: a) $\alpha = 90° = \frac{\pi}{180°} 90\,\text{rad} = \frac{\pi}{2}\,\text{rad}$

b) $\alpha = \pi\,\text{rad} = \pi \frac{180°}{\pi} = 180°$

28. Winkelfunktionen

$$\text{Sinus} = \frac{\text{Gegenkathete}}{\text{Hypotenuse}} \qquad \sin\alpha = BC = \frac{a}{c}$$

$$\text{Kosinus} = \frac{\text{Ankathete}}{\text{Hypotenuse}} \qquad \cos\alpha = OB = \frac{b}{c}$$

von $-1 \ldots +1$

$$\text{Tangens} = \frac{\text{Gegenkathete}}{\text{Ankathete}} \qquad \tan\alpha = AD = \frac{a}{b}$$

$$\text{Kotangens} = \frac{\text{Ankathete}}{\text{Gegenkathete}} \qquad \cot\alpha = EF = \frac{b}{a}$$

von $-\infty \ldots +\infty$

$$\text{Sekans} = \frac{\text{Hypotenuse}}{\text{Ankathete}} \qquad \sec\alpha = OD = \frac{c}{b}$$

$$\text{Kosecans} = \frac{\text{Hypotenuse}}{\text{Gegenkathete}} \qquad \operatorname{cosec}\alpha = OF = \frac{c}{a}$$

von $-\infty \ldots -1$ und $+1 \ldots +\infty$

Hinweis: Winkel werden vom festen Radius OA aus linksdrehend gemessen.

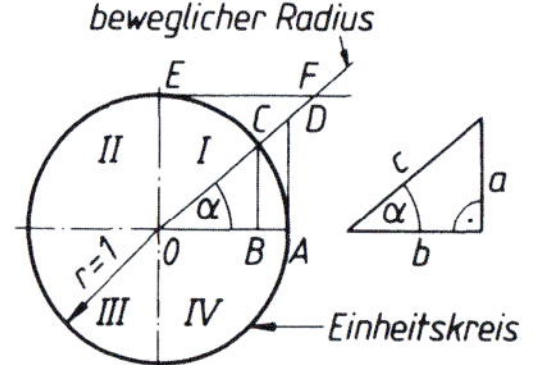

29. Trigonometrische Funktionen

$y = \sin x \qquad y = \cos x$

$y = \tan x \qquad y = \cot x$

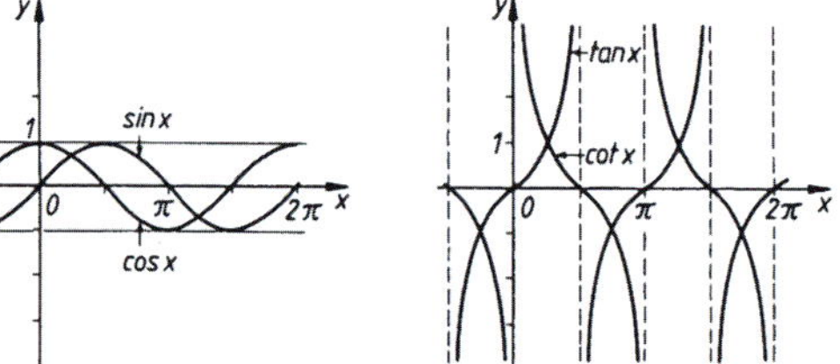

30. Vorzeichen der Funktion (richtet sich nach dem Quadranten, in dem der bewegliche Radius liegt)

Quadrant	Größe des Winkels	sin	cos	tan	cot	sec	cosec
I	0° bis 90°	+	+	+	+	+	+
II	90° bis 180°	+	–	–	–	–	+
III	180° bis 270°	–	–	+	+	–	–
IV	270° bis 360°	–	+	–	–	+	–

31. Funktionen für Winkel zwischen 90°... 360°

Funktion	$\beta = 90° \pm \alpha$	$\beta = 180° \pm \alpha$	$\beta = 270° \pm \alpha$	$\beta = 360° - \alpha$
$\sin\beta$	$+\cos\alpha$	$\mp\sin\alpha$	$-\cos\alpha$	$-\sin\alpha$
$\cos\beta$	$\mp\sin\alpha$	$-\cos\alpha$	$\pm\sin\alpha$	$+\cos\alpha$
$\tan\beta$	$\mp\cot\alpha$	$\pm\tan\alpha$	$\mp\cot\alpha$	$-\tan\alpha$
$\cot\beta$	$\mp\tan\alpha$	$\pm\cot\alpha$	$\mp\tan\alpha$	$-\cot\alpha$

Beispiel: $\sin 205° = \sin(180 + 25°) = -(\sin 25°) = -0{,}4226$

32a. Sinussatz

$$\frac{a}{b}=\frac{\sin\alpha}{\sin\beta}\quad \frac{b}{c}=\frac{\sin\beta}{\sin\gamma}\quad \frac{c}{a}=\frac{\sin\gamma}{\sin\alpha}$$

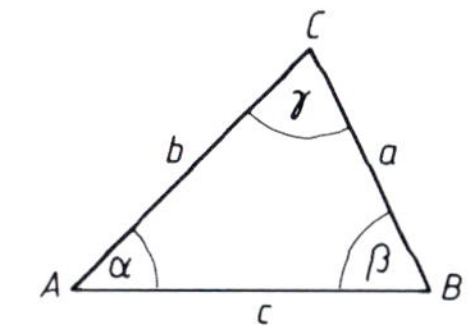

32b. Kosinussatz (bei stumpfem Winkel α wird cos α negativ)

$$a^2=b^2+c^2-2bc\cos\alpha;\ldots$$
$$a^2=(b+c)^2-4bc\cos^2(\alpha/2);\ldots$$
$$a^2=(b-c)^2+4bc\sin^2(\alpha/2);\ldots$$

Die Punkte weisen darauf hin, dass sich durch zyklisches Vertauschen von a, b, c und α, β, γ, zwei weitere Gleichungen ergeben.

33. Funktionen für negative Winkel werden auf solche für positive Winkel zurückgeführt

$$\sin(-\alpha)=-\sin\alpha$$
$$\cos(-\alpha)=\cos\alpha$$
$$\tan(-\alpha)=-\tan\alpha$$
$$\cot(-\alpha)=-\cot\alpha$$

Beispiel: sin (– 205°) = – sin (205°)

34. Funktionen für Winkel über 360° werden auf solche von Winkeln zwischen 0°... 360° zurückgeführt (bzw. zwischen 0°... 180°); „*n*" ist ganzzahlig

$$\sin(360°\cdot n+\alpha)=\sin\alpha$$
$$\cos(360°\cdot n+\alpha)=\cos\alpha$$
$$\tan(180°\cdot n+\alpha)=\tan\alpha$$
$$\cot(180°\cdot n+\alpha)=\cot\alpha$$

Beispiel:

$$\begin{aligned}\sin(-660°)&=-\sin(660°)=\\&=-\sin(360°\cdot 1+300°)=\\&=-\sin 300°=\\&=-\sin(270°+30°)=\\&=+\cos 30°=0{,}8660\end{aligned}$$

35. Grundformeln

$$\sin^2\alpha+\cos^2\alpha=1\qquad \tan\alpha=\frac{\sin\alpha}{\cos\alpha}\qquad \cot\alpha=\frac{1}{\tan\alpha}=\frac{\cos\alpha}{\sin\alpha}$$

36. Umrechnung zwischen Funktionen desselben Winkels (die Wurzel erhält das Vorzeichen des Quadranten, in dem der Winkel α liegt)

sin α	cos α	tan α	cot α
sin α	$\sqrt{1-\cos^2\alpha}$	$\frac{\tan\alpha}{\sqrt{1+\tan^2\alpha}}$	$\frac{1}{\sqrt{1+\cot^2\alpha}}$
$\cos\alpha=\sqrt{1-\sin^2\alpha}$	cos α	$\frac{1}{\sqrt{1+\tan^2\alpha}}$	$\frac{\cot\alpha}{\sqrt{1+\cot^2\alpha}}$
$\tan\alpha=\frac{\sin\alpha}{\sqrt{1-\sin^2\alpha}}$	$\frac{\sqrt{1-\cos^2\alpha}}{\cos\alpha}$	tan α	$\frac{1}{\cot\alpha}$
$\cot\alpha=\frac{\sqrt{1-\sin^2\alpha}}{\sin\alpha}$	$\frac{\cos\alpha}{\sqrt{1-\cos^2\alpha}}$	$\frac{1}{\tan\alpha}$	cot α

37. Additionstheoreme

$$\sin(\alpha+\beta) = \sin\alpha\cdot\cos\beta + \cos\alpha\cdot\sin\beta; \quad \sin(\alpha-\beta) = \sin\alpha\cdot\cos\beta - \cos\alpha\cdot\sin\beta$$

$$\cos(\alpha+\beta) = \cos\alpha\cdot\cos\beta - \sin\alpha\cdot\sin\beta; \quad \cos(\alpha-\beta) = \cos\alpha\cdot\cos\beta + \sin\alpha\cdot\sin\beta$$

$$\tan(\alpha+\beta) = \frac{\tan\alpha + \tan\beta}{1-\tan\alpha\cdot\tan\beta} \qquad \tan(\alpha-\beta) = \frac{\tan\alpha - \tan\beta}{1+\tan\alpha\cdot\tan\beta}$$

$$\cot(\alpha+\beta) = \frac{\cot\alpha\cdot\cot\beta - 1}{\cot\alpha + \cot\beta} \qquad \cot(\alpha-\beta) = \frac{\cot\alpha\cdot\cot\beta + 1}{\cot\beta - \cot\alpha}$$

38. Summenformeln

$$\sin\alpha + \sin\beta = 2\sin\frac{\alpha+\beta}{2}\cos\frac{\alpha-\beta}{2}$$

$$\sin\alpha - \sin\beta = 2\cos\frac{\alpha+\beta}{2}\sin\frac{\alpha-\beta}{2}$$

$$\cos\alpha + \cos\beta = 2\cos\frac{\alpha+\beta}{2}\cos\frac{\alpha-\beta}{2}$$

$$\cos\alpha - \cos\beta = -2\sin\frac{\alpha+\beta}{2}\sin\frac{\alpha-\beta}{2}$$

$$\tan\alpha + \tan\beta = \frac{\sin(\alpha+\beta)}{\cos\alpha\,\cos\beta} \qquad \cot\alpha + \cot\beta = \frac{\sin(\alpha+\beta)}{\sin\alpha\,\sin\beta}$$

$$\tan\alpha - \tan\beta = \frac{\sin(\alpha-\beta)}{\cos\alpha\,\cos\beta} \qquad \cot\alpha - \cot\beta = \frac{\sin(\alpha-\beta)}{\sin\alpha\,\sin\beta}$$

$$\sin(\alpha+\beta) + \sin(\alpha-\beta) = 2\sin\alpha\,\cos\beta \qquad \cos(\alpha+\beta) + \cos(\alpha-\beta) = 2\cos\alpha\,\cos\beta$$

$$\sin(\alpha+\beta) - \sin(\alpha-\beta) = 2\cos\alpha\,\sin\beta \qquad \cos(\alpha+\beta) - \cos(\alpha-\beta) = -2\sin\alpha\,\sin\beta$$

$$\cos\alpha + \sin\alpha = \sqrt{2}\sin(45^\circ+\alpha) = \sqrt{2}\cos(45^\circ-\alpha) \qquad \cos\alpha - \sin\alpha = \sqrt{2}\cos(45^\circ+\alpha) = \sqrt{2}\sin(45^\circ-\alpha)$$

$$\frac{1+\tan\alpha}{1-\tan\alpha} = \tan(45^\circ+\alpha) \qquad \frac{\cot\alpha+1}{\cot\alpha-1} = \cot(45^\circ-\alpha)$$

39. Funktionen für Winkelvielfache

$$\sin 2\alpha = 2\sin\alpha\cdot\cos\alpha = \frac{2\tan\alpha}{1+\tan^2\alpha}$$

$$\cos 2\alpha = \cos^2\alpha - \sin^2\alpha$$

$$\cos 2\alpha = 1 - 2\sin^2\alpha = \frac{1-\tan^2\alpha}{1+\tan^2\alpha}$$

$$\cos 2\alpha = 2\cos^2\alpha - 1$$

$$\sin 3\alpha = 3\sin\alpha - 4\sin^3\alpha = \sin\alpha\left(4\cos^2\alpha - 1\right) \qquad \cos 3\alpha = 4\cos^3\alpha - 3\cos\alpha$$

$$\sin 4\alpha = 8\sin\alpha\cdot\cos^3\alpha - 4\sin\alpha\cdot\cos\alpha \qquad \cos 4\alpha = 8\cos^4\alpha - 8\cos^2\alpha + 1$$

$$\tan 2\alpha = \frac{2\tan\alpha}{1-\tan^2\alpha} \qquad \cot 2\alpha = \frac{\cot^2\alpha - 1}{2\cot\alpha}$$

$$\tan 3\alpha = \frac{3\tan\alpha - \tan^3\alpha}{1-3\tan^2\alpha} \qquad \cot 3\alpha = \frac{\cot^3\alpha - 3\cot\alpha}{3\cot^2\alpha - 1}$$

Für $n > 3$ berechnet man sin $n\alpha$ und cos $n\alpha$ nach der Moivre-Formel:

$$\sin n\alpha = n\sin\alpha\cos^{n-1}\alpha - \binom{n}{3}\sin^3\alpha\cos^{n-3}\alpha \pm \ldots$$

$$\cos n\alpha = \cos^n\alpha - \binom{n}{2}\cos^{n-2}\alpha\sin^2\alpha + \binom{n}{4}\cos^{n-4}\alpha\sin^4\alpha \mp \ldots$$

40. Funktionen der halben Winkel (die Wurzel erhält das Vorzeichen des entsprechenden Quadranten

$$\sin\frac{\alpha}{2}=\sqrt{\frac{1-\cos\alpha}{2}} \qquad \cos\frac{\alpha}{2}\sqrt{\frac{1+\cos\alpha}{2}}$$

$$\tan\frac{\alpha}{2}=\sqrt{\frac{1-\cos\alpha}{1+\cos\alpha}}=\frac{1-\cos\alpha}{\sin\alpha}=\frac{\sin\alpha}{1+\cos\alpha}$$

$$\cot\frac{\alpha}{2}=\sqrt{\frac{1-\cos\alpha}{1+\cos\alpha}}=\frac{\sin\alpha}{1-\cos\alpha}=\frac{1+\cos\alpha}{\sin\alpha}$$

41. Produkte von Funktionen

$$\sin(\alpha+\beta)\sin(\alpha-\beta)=\sin^2\alpha-\sin^2\beta=\cos^2\alpha-\cos^2\beta$$

$$\cos(\alpha+\beta)\cos(\alpha-\beta)=\cos^2\alpha-\sin^2\beta=\cos^2\alpha-\sin^2\beta$$

$$\sin\alpha\cdot\sin\beta=\frac{1}{2}[\cos(\alpha-\beta)-\cos(\alpha+\beta)]$$

$$\cos\alpha\cdot\cos\beta=\frac{1}{2}[\cos(\alpha-\beta)+\cos(\alpha+\beta)]$$

$$\sin\alpha\cdot\cos\beta=\frac{1}{2}[\sin(\alpha-\beta)+\sin(\alpha+\beta)]$$

$$\tan\alpha\cdot\tan\beta=\frac{\tan\alpha+\tan\beta}{\cot\alpha+\cot\beta}=-\frac{\tan\alpha-\tan\beta}{\cot\alpha-\cot\beta}$$

$$\cot\alpha\cdot\cot\beta=\frac{\cot\alpha+\cot\beta}{\tan\alpha+\tan\beta}=-\frac{\cot\alpha-\cot\beta}{\tan\alpha-\tan\beta}$$

42. Potenzen von Funktionen

$$\sin^2\alpha=\frac{1}{2}(1-\cos2\alpha) \qquad \cos^2\alpha=\frac{1}{2}(1+\cos2\alpha)$$

$$\sin^3\alpha=\frac{1}{4}(3\sin\alpha-\sin3\alpha) \qquad \cos^3\alpha=\frac{1}{4}(3\cos\alpha+\cos3\alpha)$$

$$\sin^4\alpha=\frac{1}{8}(\cos4\alpha-4\cos2\alpha+3) \qquad \cos^4\alpha=\frac{1}{8}(\cos4\alpha+4\cos2\alpha+3)$$

43. Funktionen dreier Winkel

$$\left.\begin{aligned}
\sin\alpha+\sin\beta+\sin\gamma &= 4\cos\frac{\alpha}{2}\cos\frac{\beta}{2}\cos\frac{\gamma}{2}\\
\cos\alpha+\cos\beta+\cos\gamma &= 4\sin\frac{\alpha}{2}\sin\frac{\beta}{2}\sin\frac{\gamma}{2}+1\\
\tan\alpha+\tan\beta+\tan\gamma &= \tan\alpha\cdot\tan\beta\cdot\tan\gamma\\
\cot\frac{\alpha}{2}+\cot\frac{\beta}{2}+\cot\frac{\gamma}{2} &= \cot\frac{\alpha}{2}\cdot\cot\frac{\beta}{2}\cdot\cot\frac{\gamma}{2}\\
\sin^2\alpha+\sin^2\beta+\sin^2\gamma &= 2(\cos\alpha\cos\beta\cos\gamma+1)\\
\sin2\alpha+\sin2\beta+\sin2\gamma &= 4\sin\alpha\sin\beta\sin\gamma
\end{aligned}\right\}\text{gültig für } \alpha+\beta+\gamma=180^\circ$$

Glossar

A

Abscherbeanspruchung (shearing stress) 5.2
Eine der fünf Grundbeanspruchungsarten aus der Festigkeitslehre, bei der zum Beispiel beim Scherschneiden zwei gleich große gegensinnige Kräfte quer zur Stabachse eines Bauteils wirken. Die im Bauteil auftretende Spannung heißt Abscher- oder Schubspannung. Zum Beispiel Niete, Passstifte und -schrauben werden auf Abscheren beansprucht.

Abscherfestigkeit τ_{aB} (shear strength) 5.2
Diejenige Abscher- oder Schubspannung in N/mm^2, bei der der Querschnitt eines Probestabs bleibend voneinander getrennt wird (Bruch).

Abscherhauptgleichung (shear principal equation) 5.2
Dient der Berechnung der Abscherspannung eines auf Abscheren beanspruchten Bauteils. Die Abscherspannung ist der Quotient aus der auf ein Bauteil wirkenden Querkraft und der Querschnittsfläche, ist gleichmäßig über den Bauteilquerschnitt verteilt und darf nur über die das Bauteil belastende Querkraft ermittelt werden.

Absoluter Druck p_{abs} (absolute pressure) 6.1
Der in einem abgeschlossenen Raum (z. B. Dampfkesselraum) herrschende Druck: absoluter Druck = äußerer Luftdruck $\triangleq$ Atmosphärendruck + Überdruck.

Abtriebsleistung P_n (output power) Antriebsleistung P_a (input power) 4.18
Die Abtriebs- oder Nutzleistung in kW, W oder Nm/s an der Abtriebswelle eines Motors, eines Getriebes oder einer Kraft- oder Arbeitsmaschine (z. B. einer Werkzeugmaschine). Die Abtriebsleistung lässt sich über die Wirkungsgradgleichung η = Nutzleistung/Antriebsleistung berechnen. Die Antriebsleistung ist zum Beispiel die auf den Leistungsschildern angegebene Nennleistung eines Elektromotors.

Abtriebsmoment M_n (output torque) Antriebsmoment M_a (input torque) 4.21
Drehkraftwirkung in Nm an der Abtriebswelle, z. B. eines Zahnradgetriebes. Das Abtriebsmoment ist über den Wirkungsgrad und die Übersetzung des Getriebes mit dem erforderlichen Antriebsmoment verbunden. Das Antriebsmoment lässt sich aus der Antriebsleistung und der Antriebsdrehzahl ermitteln.

Analogieschluss (anology deduction) 4.26
In der Physik die Übernahme physikalischer Gesetzmäßigkeiten (Definitionsgleichungen, Formeln, Gesetze) in einen gleichartigen physikalischen Vorgang. Zum Beispiel entspricht die Gleichung für die Geschwindigkeit bei geradliniger (translatorischer) Bewegung der Gleichung für die Winkelgeschwindigkeit bei der kreisförmigen (rotatorischen) Bewegung.

Analytische Lösung (analytical solution) 1.7
In der Technischen Mechanik die rechnerische Ermittlung von beispielsweise noch unbekannten Stützkräften und -momenten, die das Gleichgewicht eines Systems herstellen sollen.
$\Sigma F_x = 0$, $\Sigma F_y = 0$ und $\Sigma M = 0$.

Anlaufreibung (starting-up friction) 3.7
Physikalischer Zustand in einem Gleitlager kurz vor Drehung der Welle. Vor dem Anlaufen einer Welle muss das Wellendrehmoment die an der Berührungsstelle Welle/Lager auftretende Haftreibung und damit das entstehende Haftreibungsmoment überwinden.

Anformung (forming) 5.15
Der Querschnittsverlauf eines Bauteils (meist: Biegeträger) wird so gestaltet, dass in jedem Querschnitt (x) die gleiche Biegespannung $\sigma_{b(x)}$ auftritt. Ergebnis: Werkstoffeinsparung, Gewichtsverminderung (Fahrzeugbau).

Anstrengungsverhältnis α_0 (strain relation) 5.9
Verhältnis der zulässigen Biegespannung zur zulässigen Torsionsspannung in Abhängigkeit vom Belastungsfall I, II, III. Wird zur Berechnung der Vergleichsspannung bei zusammengesetzter Beanspruchung aus Biegung und Torsion gebraucht, meist bei Wellenberechnungen.

Anzugsmoment M_A (tightening torque) 3.5
Drehmoment, mit dem eine Befestigungsschraube angezogen werden muss, um eine lockerungssichere Schraubenverbindung herzustellen, z. B. mit einem Drehmomentenschlüssel an Flanschen, Zylinderköpfen an Verbrennungsmotoren, Fahrzeugrädern.

Arbeit W (work) 4.17
Produkt aus der konstanten Verschiebekraft und dem Verschiebeweg eines Körpers. Die Wirklinie der Verschiebekraft und der Verschiebeweg des Körpers müssen übereinstimmen.

Auflagereibungsmoment M_{Ra} (support friction torque) 3.5
Dieses Moment muss beim Anziehen einer Befestigungsschraube vom Anzugsmoment überwunden werden. Das Auflagereibungsmoment ist abhängig von der Schraubenlängskraft, der Reibungszahl an der Mutterauflagefläche und dem Wirkabstand der Reibungskraft von der Schraubenachse.

A. Böge, W. Böge, *Formeln und Tabellen zur Technischen Mechanik*, https://doi.org/10.1007/978-3-658-44430-3_10

Auftriebskraft F_a (buoyancy force) 6.1
Die zum Eintauchen eines Körpers in ein Fluid (z. B. Wasser, Öl, flüssiges Metall) erforderliche Kraft. Die Auftriebskraft ist gleich der Gewichtskraft der verdrängten Flüssigkeitsmenge.

Ausflussgeschwindigkeit v (outflow velocity) 6.3
Geschwindigkeit, mit der ein Fluid (z. B. Wasser, Öl, Luft) aus einem Behälter ausströmt.

Ausflusszahl μ (outflow coefficient) 6.3
Faktor, um den sich beim Ausfluss eines Fluids aus einem Gefäß der theoretische Volumenstrom $\dot{V}$ verringert.

B

Backenbremse (shoe brake) 3.9
Bremsvorrichtung, bei der die Bremskraft auf die Bremstrommel radial über die Bremsbacke aufgebracht wird. In der Fördertechnik und im Fahrzeugbau werden meist Doppelbackenbremsen verwendet, bei denen sich die Radialkräfte auf die Bremstrommel ausgleichen.

Backenbremse mit tangentialem Drehpunkt (travel brake) 3.9
Bremse, bei der die Bremswirkung in beiden Drehrichtungen gleich groß ist.
Das wird erreicht, wenn der Drehpunkt des Bremshebels tangential zur Bremsscheibe liegt (auf der Wirklinie der tangential an der Bremsscheibe angreifenden Reibungskraft). Dadurch sind Bremskraft und Bremsmoment in beiden Drehrichtungen gleich groß.

Bandbremse (band brake) 3.9
Bremssystem, bei dem die Bremstrommel von einem Bremsband umschlungen und über einen Zughebel an die Bremstrommel angepresst wird. Die entstehende Seilreibung erzeugt das Bremsmoment.

Beanspruchung (stress) 5.1–5.7
Spannungszustand im Werkstoffgefüge eines durch äußere Kräfte oder Kraftmomente belasteten Bauteils, z. B. in einer drehmomentenbelasteten Getriebewelle (Beanspruchung: Torsion). Man unterscheidet zwischen Beanspruchung und Belastung. Das Werkstoffgefüge des Bauteils wird durch innere Kräfte *beansprucht*, das Bauteil selbst durch äußere Kräfte *belastet*. Die Höhe der Beanspruchung wird durch die Spannung gekennzeichnet.

Beanspruchungsart und Festigkeit (type of stress and resistance) 5.1–5.7
Abhängigkeit der Festigkeitswerte (z. B. Zug-, Druck-, Biegefestigkeit) von der Spannungsart (Normal- oder Schubspannung) und der Spannungsverteilung über dem Querschnitt (gleichmäßig wie bei Zug/Druck oder linear wie bei Biegung und Torsion).

Bernoulli'sche Gleichung (Bernoulli's equation) 6.2
Aus dem Energieerhaltungssatz hergeleitete Grundgleichung für strömende Fluide nach dem Schweizer Mathematiker Daniel Bernoulli (1700–1782). Danach ist in einem strömenden Fluid die Summe aus dem statischen Druck, dem kinetischen Druck (Geschwindigkeitsdruck) und dem geodätischen Druck konstant.

Beschleunigte Bewegung (accelerated movement) 4.2, 4.3, 4.5, 4.6
Zeitlicher Ordnungsbegriff für den Bewegungszustand eines Körpers, gekennzeichnet durch die Zu- oder Abnahme der Geschwindigkeit ($v \neq$ konstant). Man unterscheidet zwischen gleichmäßig beschleunigter Bewegung ($v \neq$ konstant, $a =$ konstant) und ungleichförmiger Bewegung ($v \neq$ konstant, $a \neq 0$).

Beschleunigung a (acceleration) 4.2, 4.3, 4.5, 4.6
Ändert sich die Geschwindigkeit eines Körpers in einem zugehörigen Zeitintervall, dann wird er beschleunigt (positive Beschleunigung) oder verzögert (negative Beschleunigung).

Beschleunigungsarbeit W_a (acceleration work) 4.22
Diejenige Arbeit, die zum Beschleunigen (oder Verzögern) eines Körpers erforderlich ist. Wird ein Körper mit der Masse m durch eine resultierende Kraft F_{res} gleichförmig ($a =$ konstant) längs eines Wegabschnitts Δs von der Geschwindigkeit v_1 auf die Geschwindigkeit v_2 beschleunigt (oder verzögert), dann ist dazu die Beschleunigungsarbeit W_a erforderlich. W_a ist gleich der Änderung der kinetischen Energie ΔE_{kin} des Körpers.
Für die Drehbewegung (Rotation) ist für die Masse m das Massenträgheitsmoment J und für die Geschwindigkeit v die Winkelgeschwindigkeit ω einzusetzen.

Bewegungslehre (Kinematik) (kinematics) 4.2
Beschreibung des Bewegungszustands eines Körpers ohne Berücksichtigung der an ihm angreifenden Kräfte und Kraftmomente.
Mit den physikalischen Größen Zeit und Weg werden Geschwindigkeit und Beschleunigung eines Körpers zu einem bestimmten Zeitpunkt und an einem bestimmten Ort im Raum oder in der Ebene mit mathematischen Gleichungen beschrieben.

Biegehauptgleichung (bending principal equation) 5.6
Dient der Berechnung der Biegespannung eines auf Biegung beanspruchten Trägers. Die Biegespannung ist linear über den Trägerquerschnitt verteilt und ist abhängig vom dem den Träger belastenden Biegemoment und dem axialen Widerstandsmoment.

Biegemoment M_b (bending moment) 5.6
Statische Größe im inneren Kräftesystem, das Biegespannungen (Normalspannungen) z. B. in einem Biegeträger hervorruft.

Biegespannung σ_b (bending stress) 5.6

Vom Querschnitt eines Bauteils aufzunehmende Kraft je Flächeneinheit bei der Beanspruchungsart Biegung.
Am belasteten, durchgebogenen Biegeträger stellen sich zwei vorher parallele Querschnitte schräg gegeneinander. Die neutrale Faserschicht ist unverkürzt, sie geht durch den Querschnittsschwerpunkt. Die Randschicht des Querschnitts erhält die stärkste Beanspruchung, und ist spannungsfrei (lineare Spannungsverteilung).

Biegeträger (bending girder) 5.12

Bezeichnung solcher Bauteile, die durch das äußere Kräftesystem hauptsächlich auf Biegung beansprucht werden.

Biegung (bending) 5.6

Grundbeanspruchungsart, bei der der Querschnitt des Bauteils durch ein Biegemoment und eine Querkraft beansprucht wird, z. B. bei Radachsen und Profilstahlträgern im Stahlhochbau.

Biegung und Torsion (bending and torsion) 5.9

Zusammengesetzte Beanspruchung, die hauptsächlich bei Wellen auftritt (Beispiel: Zahnrad-Getriebewelle).

Biegung und Zug/Druck (bending and tension/pressure) 5.9

Eine der zusammengesetzten Beanspruchungsarten, die hauptsächlich bei außermittigem Kraftangriff entsteht, z. B. wenn (im Stahlbau) die Kraft über ein am Träger angeschweißtes Knotenblech eingeleitet wird.
Das innere Kräftesystem besteht dann aus dem Biegemoment (erzeugt Biegespannungen) und der Normalkraft (erzeugt Zugspannungen). Beide werden zur resultierenden Spannung zusammengesetzt.

Bodenkraft F_b (bottom pressure force) 6.1

Belastung der Bodenfläche eines Flüssigkeitsbehälters durch den hydrostatischen Druck.
Die Flüssigkeit drückt mit der Bodenkraft auf den waagerechten Behälterboden und ist abhängig von der Dichte der Flüssigkeit, der Fallbeschleunigung und der Flüssigkeitshöhe, nicht dagegen von der Gefäßform.

C

Culmann'sche Gerade (Culmann's straight line) 1.5

Basiert auf der Erkenntnis, dass die zwei Resultierenden eines aus vier nicht parallelen Kräften bestehendes Kräftesystem gleich groß, entgegengesetzt gerichtet und auf einer Wirklinie liegen müssen – der Culmann'schen Geraden (Karl Culmann, 1821–1881).

D

Dauerfestigkeit σ_D (fatigue strength) 5.11

Oberbegriff für den größten Spannungswert, den ein glatter, polierter Probestab bei dynamischer Belastung „dauernd" ohne Bruch oder unzulässige Verformung aushält.
Man unterscheidet:

a) Dauerstandfestigkeit bei ruhender (statischer) Belastung (Belastungsfall I),
b) Schwellfestigkeit bei schwellender Belastung, d. h. die Belastung schwankt dauernd zwischen null und einem Höchstwert (Belastungsfall II),
c) Wechselfestigkeit bei wechselnder Belastung, d. h. die Belastung schwankt dauernd zwischen einem gleich großen positiven und negativen Höchstwert (Belastungsfall III).

Die Dauerfestigkeitswerte für dynamische Belastung werden im Dauerversuch nach DIN 50100 ermittelt (Dauerschwingversuch).

Dehnung ε (strain) 5.1

Quotient aus der Verlängerung eines zugbeanspruchten (gespannten) Bauteils (Stabs) und seiner Ursprungslänge im ungespannten Zustand.
Die Verlängerung ist die Differenz aus der Stablänge im gespannten und ungespannten Zustand. Als Verhältnis zweier Längen hat die Dehnung die Einheit eins.

Dichte ϱ (density) 2.14

Quotient aus der Masse eines Stoffs und dem zugehörigen Volumen.

Differenzbremse (difference brake) 3.9

Bauart der Bandbremse, bei der nur in einer Drehrichtung ein Bremsmoment aufgebracht werden kann.

Drehbewegung (circular motion) 4.4

Ortsveränderung eines Punktes auf einer Kreisbahn, meist betrachtet bei der Drehung eines Körpers (Welle, Zahnrad, Schleifscheibe).
Die dabei wichtigen Größen heißen Kreisgrößen. Kennt man die Gesetze der geradlinigen Bewegung (Translation), lassen sich durch Analogiebetrachtungen die Gesetze der Kreisbewegung (Rotation) erkennen.
Beispielsweise entspricht die geradlinige Geschwindigkeit bei der Translation der Winkelgeschwindigkeit bei der Rotation.

Drehimpuls (angular momentum) 4.19

Produkt aus dem Trägheitsmoment J eines Körpers, z. B. einer Kupplung, und seiner Winkelgeschwindigkeit ω.
Der Drehimpuls wird auch als Drall bezeichnet.

Drehimpulsänderung (angular momentum modification) 4.19

Die Änderung des Drehimpulses eines Körpers ist gleich dem Momentenstoß des resultierenden Drehmoments M_{res} während eines Zeitabschnitts Δt.

Drehmoment M (torque) 4.19

Produkt aus der Kraft und deren Wirkabstand von einer Bezugsachse oder Produkt aus dem Trägheitsmoment eines Körpers und seiner Winkelbeschleunigung.

Drehmomentengleichgewichtsbedingung (torque equilibrium condition) 1.7

Eine der drei Gleichgewichtsbedingungen der Statik zur Berechnung unbekannter Kräfte oder Kraftmomente.

Ein am Körper wirkendes Kräftesystem ist dann im Gleichgewicht, d. h. der Körper befindet sich im Ruhezustand oder im Zustand der gleichförmig geradlinigen Bewegung, wenn die Summe aller Kräfte F und die Summe aller Kraftmomente (Drehmomente) M gleich null ist).

Drehzahl *n* (rotational speed) 4.9

Quotient aus der Anzahl der Umdrehungen und dem zugehörigen Zeitabschnitt. Die Anzahl der Umdrehungen, z. B. 1500, hat die Einheit eins. Der Zeitabschnitt, z. B. 5 min, die Einheit Minuten. Einheit der Drehzahl 1/min oder min^{-1}.

Drei-Kräfte-Verfahren (three forces method) 1.4

Zeichnerisches Verfahren zur Ermittlung unbekannter Kräfte in ebenen Kräftesystemen.

Drei nicht parallele Kräfte sind im Gleichgewicht, wenn sich die Wirklinien der Kräfte in einem Punkt schneiden und das Krafteck sich schließt.

Druckausbreitungsgesetz (pressure-propagation law) 6.1

Von Blaise Pascal (1623–1662) aufgestellter Satz über die Druckverteilung in einer Flüssigkeit ohne Berücksichtigung ihrer Schwerkraft (Gewichtskraft). Danach breitet sich der Druck, der auf irgendeinen Teil einer abgesperrten Flüssigkeit ausgeübt wird, nach allen Richtungen hin gleichmäßig aus. Bei hohen Drücken braucht der Druck infolge der Schwerkraft der Flüssigkeit nicht berücksichtigt zu werden.

Druckbeanspruchung (pressure loading) 5.1

Eine der fünf Grundbeanspruchungsarten aus der Festigkeitslehre, bei der durch äußere Druckkräfte zwei benachbarte Querschnitte des beanspruchten Bauteils einander näher gebracht werden: der Stab wird verkürzt.

Druckhöhe *h* (pressure (height)) 6.1

Diejenige Flüssigkeitshöhe, die in einer Flüssigkeit infolge der eigenen Schwerkraft (Gewichtskraft) einen bestimmten Druck erzeugt.

Druckkraft *F* auf gewölbte Böden (pressure force on convex bottom) 6.1

Diejenige Kraft, die einen Kessel oder ein Rohr infolge des herrschenden Innendrucks stark belasten kann.

Druckstäbe (Eulerian columns, compression struts) 5.7

Im Hoch-, Kran- und Brückenbau und in Fachwerken auf Druck (Knickung) beanspruchte Bauteile (Stützen).

Günstig gegenüber Knicken sind alle Querschnitte, deren Trägheitsradien für alle Knickachsen gleich groß sind, am besten beim Rohrquerschnitt verwirklicht.

Durchbiegungsgleichung (deflection equation) 5.12

Ergebnis der mathematischen Untersuchung der elastischen Verformung eines Biegeträgers. Die mathematische Entwicklung führt zur Differentialgleichung der elastischen Linie. Mit dieser Differentialgleichung werden die Durchbiegungsgleichungen für technisch wichtige Belastungsfälle an Biegeträgern hergeleitet.

Dynamisches Grundgesetz (dynamic basic law) 4.13

Zweites Newton'sches Axiom, wonach die auf die Masse eines Körpers einwirkende resultierende Kraft gleich dem Produkt aus der Masse und der Beschleunigung (Verzögerung) des Körpers ist.

E

Einwertiges Lager (single-valued bearing) 1.4

Bauart einer Lagerung, die nur eine rechtwinklig zur Stützfläche wirkende Kraft (Normalkraft) aufnimmt, jedoch kein Kraftmoment.

Diese Lagerart wird verwendet, um die Wärmeausdehnung nicht zu behindern, z. B. an Brückenträgern und Wellen (Loslager).

Elastische Verformung (elastic deformation) 5.1

Diejenige Formänderung, die nach Wegnahme der äußeren Kräfte und Kraftmomente keine bleibende Verformung des Bauteils hinterlässt.

Beispielsweise erhält ein bei Belastung durchgebogener Träger nach der Entlastung wieder seine ursprüngliche Form. Grund: Die bei der Verformung auftretende Höchstspannung in allen Querschnitten des Bauteils war kleiner als die Dehngrenze des Werkstoffs.

Elastizitätsmodul *E* (elastic modulus, Young's modulus) 5.1

Durch Dehnversuche an Probestäben ermittelte Werkstoffkonstante.

Zugversuche mit Probestäben (z. B. nach DIN EN 10002-1) zeigen, dass bei vielen Werkstoffen die Dehnung mit der Spannung im gleichen Verhältnis (proportional) wächst, z. B. bleibt für Stahl in den für die Praxis wichtigen Spannungsgrenzen das Verhältnis Spannung/Dehnung konstant. Das Verhältnis ist der Elastizitätsmodul (kurz: E-Modul).

Energie *E* (energy) 4.22

Fähigkeit der Körper, die vorher an ihm aufgebrachte Arbeit wieder abzugeben (Energie gleich Arbeitsfähigkeit).

Beispielsweise verformt der herabfallende Bär eines Fallhammers das Schmiedestück, verrichtet also Verformungsarbeit (Formänderungsarbeit). In seiner oberen Ruhelage hatte der Bär (potentielle) Energie, also gespeicherte Arbeitsfähigkeit.

Energieerhaltungssatz (principle of energy conservation) 4.19

Sagt aus, dass die Energie am Ende eines technischen Vorgangs gleich der Energie am Anfang des Vorgangs ist

– vermehrt um die während des Vorgangs zugeführte und vermindert um die abgeführte Arbeit.

Euler'sche Zahl e (Euler's number) 3.6
Bei der Seilreibung wächst die Seilzugkraft mit der am anderen Seilende wirkenden Zugkraft exponentiell mit dem Produkt aus der Reibungszahl und dem Umschlingungswinkel. Diese Berechnungsgleichung hat zuerst Euler entwickelt; deshalb heißt „e" die Euler'sche Zahl (Leonhard Euler, 1707–1783).

F

Fachwerk (framework) 1.8
Tragkonstruktion aus Profilstäben, die Massivträger bei geringerem Werkstoffaufwand ersetzt.
Die Profilstäbe werden als Zweigelenkstäbe angesehen und über Knotenbleche miteinander verbunden (genietet, geschraubt oder geschweißt). Als Zweigelenkstäbe können sie nur Zug- oder Druckkräfte aufnehmen. Einfachstes Fachwerk ist der Dreiecksverband mit 3 „Stäben" und 3 „Knoten". Das Dreieck ist die einfachste „starre" Figur, deshalb schließt man weitere Stäbe in gleicher Weise an.

Fahrwiderstand F_w (driving resistance, tractional resistance) 3.11
Kraft, die zum Fortbewegen eines Fahrzeugs auf ebener Bahn mit konstanter Geschwindigkeit erforderlich ist, um den Rollwiderstand an den Rädern und den Reibungswiderstand in den Lagern zu überwinden.

Fallbeschleunigung g (gravitational acceleration) 4.3
Geschwindigkeitszunahme eines frei fallenden Körpers ohne Berücksichtigung des Luftwiderstands.
In der Technik wird mit $g = 9{,}81\ \text{m/s}^2$ gerechnet. Die Normfallbeschleunigung g_n ist international festgelegt mit $g_n = 9{,}80665\ \text{m/s}^2$, gilt annähernd für 45° geographischer Breite und Meeresspiegelhöhe.

Federarbeit W_f (spring work) 4.17
An einer Feder beim Spannen aufgebrachte mechanische Arbeit (Formänderungsarbeit). Sie entspricht dem Flächeninhalt unter der Kennlinie im Federkraft-Federweg-Diagramm (F, s-Diagramm).
Steht z. B. eine Schraubenzugfeder unter einer Vorspannkraft und soll sie um einen bestimmten Federweg weiter gedehnt werden, ist dazu eine stetig wachsende Kraft aufzubringen. Der Graph $F(s)$ im F, s-Diagramm heißt Federkennlinie, sie ist bei vielen Federn eine Gerade (lineare Kennlinie).

Federrate R (spring rate) 4.17
Mechanische Kenngröße einer Feder. Die Federrate, auch Federkonstante oder Richtgröße gibt das Verhältnis der auf eine Feder wirkenden Kraft zur dadurch bewirkten Auslenkung an.

Festigkeit (strength) 5.16–5.18
Oberbegriff in der Festigkeitslehre für diejenige mechanische (Gegensatz: elektrische) Spannung, die ein Probestab bei bestimmten Beanspruchungsarten (z. B. Biege- oder Zugbeanspruchung) erträgt, bevor er zu Bruch geht oder sich unzulässig bleibend verformt.

Festigkeitslehre (strength of materials) 5.1–5.7
Lehre von den inneren Kräfte- und Spannungssystemen, die durch äußere Belastungen aller Art hervorgerufen werden.
Für die Konstruktions- und Entwurfspraxis stellt die Festigkeitslehre Gleichungen zur Verfügung, mit deren Hilfe für technische Bauteile (Achsen, Wellen, Träger usw.)

a) der erforderliche Querschnitt,
b) die maximal zulässige Belastung,
c) die vorhandene Spannung und
d) die Verformung des Bauteils ermittelt werden können.

Flächenmoment 2. Grades I (area moment) 5.4
Mathematische (geometrische) Größe, die sich bei der Herleitung der Biege- und Torsionshauptgleichung ergibt.
Man unterscheidet axiale Flächenmomente für Biege- und Knickungsberechnungen und polare Flächenmomente für Torsionsberechnungen. Für technisch wichtige Querschnittsformen wurden Berechnungsgleichungen entwickelt und in Tabellen zusammengestellt.

Flächenpressung p (contact pressure (per unit area)) 5.3
Beanspruchung in den Berührungsflächen (Oberflächen) zweier gegeneinander gedrückter Bauteile, zum Beispiel zwischen Zahnflanken von Zahnrädern.

Flächenschwerpunkt S (centroid of an area) 2.2
Derjenige Punkt auf der Schwerebene eines Blechs, in dem das abgestützte oder aufgehängte Blech in jeder beliebigen Lage in Ruhestellung bleibt.
Die Lage des Flächenschwerpunkts wird mit dem Momentensatz für Flächen berechnet.

Formänderungsarbeit W_f (deformation work) 5.1
Steigt die Belastung in Zug- und Druckstäben proportional zur Längenänderung an, verrichtet diese Kraft auf dem Weg der Verlängerung eine mechanische Arbeit: die Formänderungsarbeit.

Freier Fall (free fall) 4.2
Durch die Erdanziehung gleichmäßig beschleunigte Bewegung eines frei fallenden Körpers.
Im luftleeren Raum, z. B. in einer luftleer gepumpten Glasröhre, fallen alle Körper gleich schnell mit der Fallbeschleunigung. Bei Berechnungen muss festgelegt werden, ob der Luftwiderstand berücksichtigt werden soll.

Freiträger (cantilever beam) 5.12
Bezeichnung aus der Statik für alle Maschinenelemente oder sonstige Bauteile, die einseitig gelagert sind, z. B. die Pedalachse am Fahrrad.

G

Geschwindigkeitsdruck q (dynamic pressure) 6.2
Der vom Quadrat der Strömungsgeschwindigkeit abhängige Teil des Gesamtdrucks in einem strömenden Fluid (kinetischer Druck, auch Staudruck genannt).

Gewindereibungsmoment M_{RG} (thread friction torque) 3.5
Beim Anziehen einer Schraubenverbindung in den Gewindegängen zwischen Bolzen- und Muttergewinde auftretendes Reibungsmoment bei der Gewindereibungszahl des Gewindes (z. B. $\mu' = 0{,}1$ für metrisches Spitzgewinde, leicht geölt).

Gleichgewichtsbedingungen (equilibrium conditions) 1.7
Rechenregeln der Statik zur Ermittlung unbekannter Kräfte oder/und Kraftmomente (Drehmomente) an Bauteilen, die sich im Gleichgewichtszustand befinden sollen, exakt gültig nur für sogenannte starre Körper.

Gleichgewichtszustand (equilibrium state) 1.7
Der Zustand eines Körpers, in dem keine resultierende Kraft auf ihn einwirkt ($\Sigma F = 0$ oder $F_{res} = 0$).
In diesem Zustand ist der Körper entweder in Ruhe oder in gleichförmig geradliniger Bewegung. Beide Zustände sind gleichwertig.

Gleitreibungskraft F_R (dynamic friction force) 3.1
Tangential zwischen zwei gegeneinander bewegten Körpern auftretende Widerstandskraft.
Die Gleitreibungskraft ist abhängig von der Normalkraft zwischen beiden Körpern und der Gleitreibungszahl der Stoffpaarung. Sie versucht den schnelleren Körper zu verzögern, den langsameren (oder still stehenden) Körper zu beschleunigen. Ruhen beide Körper, bestimmt der zu erwartende Bewegungszustand den Richtungssinn der Reibungskraft.

Guldin'sche Regeln (Guldin's rules) 2.4
Von Paul Guldin (1577–1643) aufgestellte Gleichungen zur Volumen- und Oberflächenberechnung von Rotationskörpern.

H

Haftreibungskraft F_{R0} (static friction force) 3.1
Tangential zwischen zwei ruhenden Körpern wirkende größte Widerstandskraft, die bei dem Versuch auftritt, den einen Körper gegenüber dem anderen zu verschieben.

Haftreibung (static friction) 3.1
Widerstand gegenüber der Relativbewegung zwischen zwei aneinandergepressten festen Körpern.

Harmonische Schwingung (harmonic oscillation) 4.27
Läuft ein Punkt auf einer Kreisbahn gleichförmig mit der Winkelgeschwindigkeit um, dann entspricht ein Umlauf einer Auf- und Abwärtsbewegung des projizierten Punkts auf einer Projektionsfläche. Die so entstandene Bewegung heißt harmonische Schwingung.

Hertz'sche Gleichungen (Hertzian equations) 5.3
Von dem deutschen Physiker Heinrich Rudolf Hertz (1857–1894) entwickelte Gleichungen zur Berechnung der Flächenpressung zwischen Körpern mit gekrümmten Oberflächen (Kugel/Ebene, 2 Kugeln, Zylinder/Ebene, 2 Zylinder). In Wälzlagern (Kugellager, Kegelrollenlager, usw.) tritt eine solche Beanspruchung zwischen Wälzkörpern (Kugeln, Walzen, Tonnen, Nadeln) und Laufringen auf.

Höhenenergie (vertical energy) 4.22
Der Masse eines Körpers durch Heben auf ein höheres Niveau potentielle Energie vermitteln.

Hooke'sches Gesetz (Hooke's law) 5.1
Von dem englischen Physiker Robert Hooke (1635–1703) entwickelte Beziehung zwischen der mechanischen Spannung und der dadurch auftretenden Dehnung eines zugbeanspruchten metallischen Stabs.

Hubarbeit W_h (lifting work) 4.17
Von Kranen oder anderen Senkrechtförderern aufgebrachte Arbeit, um Lasten mit der Masse m von der Höhe h_1 auf die Höhe h_2 zu heben.

Hydraulischer Hebebock (hydraulic lifting jack) 6.1
Mit Öl gefüllter Behälter, an den zwei Zylinder mit unterschiedlichen Durchmessern angeschlossen sind, in denen Kolben gleiten. Hat der Druckkolben den kleineren Durchmesser, lassen sich mit kleiner Druckkraft größere Lasten heben. Es gilt das Druckausbreitungsgesetz. Die Kolbenkräfte verhalten sich zueinander wie die Kolbenflächen, die Kolbenwege verhalten sich umgekehrt zueinander wie die Quadrate der Kolbendurchmesser.

Hydrostatischer Druck p (hydrostatic pressure) 6.1
Quotient der im Inneren oder von außen auf das Fluid wirkenden Kraft und der gepressten Fläche.
Der hydrostatische Druck wird auch kurz mit Druck bezeichnet. Er entspricht in der Festigkeitslehre der Druckspannung. Die Einheit „Newton je Quadratmeter (N/m^2)" hat den Einheitennamen Pascal mit dem Kurzzeichen Pa: $1\ Pa = 1\ N/m^2$ nach Blaise Pascal, 1623–1662.

I

Impulserhaltungssatz (conservation of momentum) 6.2
In einem abgeschlossenen System bleibt die vektorielle Summe aller Einzelimpulse konstant. Physikalischer Satz von grundlegender Bedeutung wie der Energieerhaltungssatz.

J

Joule J (joule) 8.3
Gesetzliche und internationale Einheit (SI-Einheit) der Energie und der Arbeit ist das Joule (J), benannt nach dem Physiker J. P. Joule (1818–1889).

K

Keilreibungszahl μ' (wedge friction coeffizient) 3.4
Der Quotient aus der Reibungszahl und dem Sinus des halben Keilwinkels ergibt die Keilreibungszahl, die damit immer größer ist als die Reibungszahl auf einer ebenen Fläche.

Kerbquerschnitt (notch cross-section) 5.10
Bauteilquerschnitt, der durch schroffe Querschnittsänderung (Kerben) wie Bohrungen, Naben, Wellenabsätze, Keilnuten geschwächt wird.

Klemmbedingung (clamping condition) 3.3
Geometrische Voraussetzung für Führungen an beweglichen Maschinenteilen, die entweder reibungsarm gleiten (Pressenstößel, Ziehschlitten) oder ungeklemmt sicheren Halt gewährleisten sollen (Bohrmaschinentische).

Knickung (buckling) 5.7, 5.8
Bei Druckbeanspruchung schlanker Stäbe (Kolbenstangen, Säulen, Stößeln, Lochstempeln usw.) auftretender Sonderfall der Druckbeanspruchung, bei dem das Bauteil plötzlich seitlich „ausknickt". Dies geschieht, obwohl der Stab genau in Richtung seiner Achse gedrückt wird und die Druckspannung unterhalb der Proportionalitätsgrenze liegt. Knickung ist daher kein Spannungs- sondern ein Stabilitätsproblem. Man unterscheidet:

a) elastische Knickung, für die der Mathematiker und Physiker Leonhard Euler (1707–1783) eine Gleichung entwickelt hat (Eulergleichung oder Euler'sche Knickungsgleichung),
b) unelastische Knickung, für die Ludwig von Tetmajer (1850–1905) besondere Gleichungen entwickelt hat.

Kommunizierende Röhren (communicating tubes) 6.1
Röhrensystem mit zwei oder mehr oben offenen Röhren, die an den unteren Enden miteinander verbunden sind. Enthält das System nur eine Flüssigkeit, steht sie in allen Röhren gleich hoch, unabhängig von Form und Größe der Röhren. Der Flüssigkeitsspiegel steht immer waagerecht. Enthält das System zwei Flüssigkeiten unterschiedlicher Dichte, steht bei Gleichgewicht die leichtere Flüssigkeit in einem Rohr höher als die schwerere Flüssigkeit im anderen Rohr.

Konsolträger (console beam) 5.15
Einseitig angeschweißtes, angeschraubtes oder angenietetes Tragteil aus Profilstahl oder Blech, das zur Werkstoffersparnis meistens angeformt ist.

Kontinuitätsgleichung (continuity equation) 6.2
Gesetzmäßigkeit, nach der durch unterschiedliche Querschnitte einer Leitung in einer Zeiteinheit (z. B. 1 s) das gleiche Flüssigkeitsvolumen fließen muss (Massenerhaltungssatz).

Kontraktion (contraction) 6.3
Einschnürung eines Flüssigkeitsstrahls durch Umlenkung der Stromfäden infolge einer Querschnittsverengung.
Der Strahlquerschnitt verringert sich dann um den Faktor der Kontraktionszahl (< 1).

Kräfteplan (forces plan) 1.1
Maßstabs- und richtungsgerechte Darstellung aller an einem Bauteil angreifenden Kräfte.

Kraftmoment M (moment of force) 5.5
In der Statik die Bezeichnung für das Produkt aus einer Einzelkraft und ihrem Wirkabstand von einer Bezugsachse.
Wirkabstand heißt: rechtwinklig zur Wirklinie gemessen. Bewirkt das Kraftmoment eine Drehbewegung, nennt man es Drehmoment. Wirkt das Kraftmoment biegend auf einen Körper, heißt es in der Festigkeitslehre Biegemoment, wirkt es tordierend (verdrehend), nennt man es Dreh- oder Torsionsmoment. Der Drehsinn des Kraft-(Dreh)moments wird durch das Vorzeichen angegeben: (+) = Linksdrehsinn, (−) = Rechtsdrehsinn (im Uhrzeigerdrehsinn).

Kraftstoß (force collision) 4.16
Produkt aus der auf einen Körper einwirkenden resultierenden Kraft und dem zugehörigen Zeitabschnitt. Der Kraftstoß ist gleich der Änderung des Impulses während des betrachteten Zeitabschnitts.

L

Lageplan (site plan) 1.1
Maßstäbliche Darstellung eines Bauteils mit allen Wirklinien der gegebenen und gesuchten Kräfte.

Längenausdehnungskoeffizient α_l (coefficient of linear expansion) 5.1
Verlängerung eines metallischen Stabs bezogen auf 1 m Länge und 1 K (1 °C = 1 K).
Für Stahl zum Beispiel ist $\alpha_l = 12 \cdot 10^{-6}$ 1/K, d.h., ein Stahlstab mit 1 m Länge verlängert sich bei Erwärmung um 1 K = 1 °C um $12 \cdot 10^{-6}$ m = 0,012 mm.

Lastfall (loading case) 5.22
Vorgeschriebene Bezeichnung der Belastungsannahmen (Kräfte, die von außen auf ein Stahlbausystem einwirken) für Festigkeitsrechnungen von Stahlbauten (Hochbau, Brückenbau, Kranbau), z. B. Lastfall H für Hauptlasten, Lastfall Z für Zusatzlasten, Lastfall S für Sonderlasten. Hauptlasten (H) sind z. B. Eigenlast, Verkehrslast, Schneelast, Massenkräfte. Zusatzlasten (Z) sind z. B. Windlast und Wärmeeinwirkungen. Sonderlasten (S) sind z. B. unvorhersehbarer Anprall (Stoß) und Einwirkungen von Baugrundbewegungen.

Lineare Spannungsverteilung (linear stress distribution) 5.5, 5.6
Die bei Biegung und Torsion auftretende Spannungsverteilung über dem Querschnitt des belasteten Bauteils. Bei der Biege- und Torsionsbeanspruchung sind die Spannungen in der Querschnittsmitte gleich null (neutrale Faser) und wachsen dann bis zu den Randfasern gleichmäßig (linear) bis auf ihre Maximalwerte.

Linienschwerpunkt (centroid of a line) 2.3
Derjenige Punkt auf der Schwerlinie eines Liniengebildes, z. B. dem Umfang eines Schneidstempels, in dem der abgestützte oder aufgehängte Linienzug in jeder beliebigen Lage in der Ruhestellung bleibt.

Lochleibungsdruck σ_l (bearing pressure of projected area) 5.3
Flächenpressung am Nietschaft. Er ist abhängig von der aufzunehmenden Kraft, von der Anzahl der Niete und von der projizierte Schaftfläche eines Niets.

M

Massenerhaltungssatz (principle of mass conservation) 6.2
Fließt ein Fluid (z. B. Wasser) durch eine Rohrleitung mit unterschiedlichen Querschnitten, dann ist der Massenstrom am Eingang und am Ausgang der Rohrleitung gleich groß.

Momentengleichgewichtsbedingung (moment equilibrium condition) 1.7
Gleichungsansatz für ein Kräftesystem, das auch bezüglich einer Drehung um eine beliebige Achse im Gleichgewicht sein soll (Ruhezustand oder gleichförmig geradlinige Bewegung).

Momentensatz (theorem of momentum) 1.2
In der Statik Gleichung zur Berechnung der Lage der Resultierenden eines Kräftesystems.
Das Kraftmoment der Resultierenden, bezogen auf einen beliebigen Drehpunkt, ist gleich der Summe der Kraftmomente der Einzelkräfte in Bezug auf diesen Drehpunkt.

N

Nietverbindung (rivet joint) 5.3
Unlösbare Verbindung von Bauteilen aus beliebigen Werkstoffen.
Man unterscheidet je nach Verwendungsart feste Verbindungen (Stahlbau), feste und dichte Verbindungen (Kesselbau) und dichte Verbindungen (Behälterbau).

Normalkraft F_N (normal force) 3.4
Rechtwinklig auf der Querschnittsfläche stehende innere Kraft eines beanspruchten Bauteils, die Normalspannungen hervorruft, oder rechtwinklig auf einer Stützfläche stehende äußere Kraft oder Kraftkomponente.
Dagegen liegt die Querkraft in der Querschnittsfläche und verursacht Schubspannungen.

Nullstab (zero member) 1.8
In einem Dreiecksverband der Fachwerkstab, der keine Belastung trägt.
Solche Stäbe sollen die Knickgefahr langer Druckstäbe verringern. Sie nehmen erst durch eine elastische Verformung belasteter Stäbe Kräfte auf.

O

Oszillator (oszillator) 4.29
Ein Erreger, z. B. ein Elektromotor mit einem Exzenter, der den Mitschwinger (Resonator), z. B. eine Schraubenfeder, in Schwingungen versetzt.

P

Poisson-Zahl *m* (Poisson number) 5.1
Das von dem französischen Physiker und Mathematiker Siméon Denis Poisson (1781–1840) bestimmte Verhältnis der Dehnung (bei Zugbeanspruchung) zur Querdehnung (bei Druckbeanspruchung).
Diese Verhältnisgröße ist für Metalle mit $m \approx 3{,}3$ fast konstant. Die Poisson-Zahl geht zum Beispiel mit in die Hertz'schen Gleichungen ein.

Prismenführung (inverted V guide) 3.4
Dient der Belastungsaufnahme und Führung des Bettschlittens von Werkzeugmaschinen. Bei der unsymmetrischen Prismenführung sind sowohl die Keilwinkel als auch die Reibungszahlen unterschiedlich groß. Die symmetrische Prismenführung ist ein Sonderfall (Keilführung) mit gleichen Keilwinkeln und gleichen Reibungszahlen. Keilnuten übertragen größere Reibungskräfte als Ebenen, daher können z. B. Keilriemen größere Drehmomente übertragen als Flachriemen.

Q

Querdehnung ε_q (transverse strain) 5.1
Jede Dehnung ist mit einer Querschnittsminderung verbunden. Deshalb ist die Querdehnung analog zur Dehnung als das Verhältnis der Dickenänderung zur Ursprungsdicke definiert.

R

Reduzierte Masse m_{red} (reduced mass) 4.19
Wird auch als Ersatzmasse bezeichnet und ist eine in beliebigem Abstand von der Drehachse gedachte Masse, die in Bezug auf die Drehachse das gleiche Trägheitsmoment besitzt wie die verteilte Masse des ursprünglichen Körpers.

Reibungsleistung P_R (friction power) 3.7
Produkt aus Reibungskraft und Geschwindigkeit (bei Translation) oder Produkt aus Reibungsmoment und Winkelgeschwindigkeit (bei Rotation) oder Quotient aus Reibungsarbeit und zugehörigem Zeitabschnitt.

Reibungskegel (friction cone) 3.3
Mit bekanntem Reibungswinkel gezeichneter Kegelmantel zur zeichnerischen Lösung von Reibungsaufgaben. Der skizzierte Körper bleibt so lange in Ruhe, wie die Resultierende aller äußeren Kräfte innerhalb des Reibungskegels liegt.

Reibungsmoment (friction torque) 3.7, 3.8
Dreht ein Wellendrehmoment einen ruhenden Trag- oder Spurzapfen, wirkt das Reibungsmoment der Drehbewegung entgegen.

Reibungswinkel ϱ (angle of friction) 3.1
Winkel im Kräfteplan zwischen Normalkraft und der aus Gewichtskraft und Verschiebekraft gebildeten Ersatzkraft.

Reibungszahl μ (friction coefficient) 3.1
Durch Versuche ermittelte Reibungswinkel ϱ und ϱ_0 ergeben die Reibungszahlen für verschiedene Werkstoffpaarungen. Die Ergebnisse sind Mittelwerte aus mehreren Versuchen.

Reißlänge l_r (tearing length, breaking length) 5.1
Länge, bei der ein frei hängendes Seil allein unter seiner Eigengewichtskraft reißt.
Reißlängen einiger Werkstoffe:
Für Stahl S235JR mit Zugfestigkeit $R_m = 360$ N/mm² und Dichte $\varrho = 7850$ kg/m³ ist $l_r = 4{,}713$ km; für Federstahl mit $R_m = 1800$ N/mm² ist $l_r = 22{,}93$ km.

Reynold'sche Zahl *Re* (Reynold's number) 6.2
Mit Hilfe dieser Zahl kann für ein gerades Rohr mit kreisförmigem Querschnitt festgestellt werden, ob eine laminare oder eine turbulente Strömung vorliegt.
Auch die Rohrreibungszahl und die kritische Übergangsgeschwindigkeit von laminarer zu turbulenter Strömung werden über die Reynold'sche Zahl ermittelt (Osborn Reynolds, 1842–1912).

Richtungswinkel α (direction angle) 1.1
Der Winkel, den die Wirklinie einer Kraft mit der positiven x-Achse eines rechtwinkligen Achsenkreuzes einschließt: $0 \leq \alpha \leq 360°$.

Ritter'sches Schnittverfahren (Ritter's cut process) 1.9
Dieses Verfahren ist dazu geeignet, an statisch bestimmten Fachwerkträgern einzelne Stabkräfte rechnerisch zu ermitteln. Grundlage der Stabberechnung ist der gedankliche Ritter'sche Schnitt durch drei Stäbe und die Aufstellung und mathematische Verarbeitung der drei Momenten-Gleichgewichtsbedingungen (Georg Dietrich Ritter, 1826–1908).

Rollbedingung (rolling condition) 3.11
Die zum Rollen eines Rads erforderliche Bedingung, die ein Gleiten verhindert.
Damit sich die Räder eines Fahrzeugs auf seiner Unterlage drehen, muss die Haftreibungskraft größer sein als der Fahrwiderstand. Daraus ergibt sich die Rollbedingung: Haftreibungszahl ≥ Fahrwiderstandszahl. Bei Haftreibungszahl = Fahrwiderstandszahl gleiten die Räder auf der Fahrbahn.

Rollenzug (set of pulleys) 3.14
Kombination fester und loser Rollen als Übersetzungsmittel zwischen einer zu hebenden Gewichtskraft (Last) und der dazu erforderlichen Zugkraft.

Rollreibung (rolling friction) 3.10
Das durch geringfügige elastische Formänderung (Eindrücken) fortwährend ablaufende „Kippen" um eine Kippachse, das zum Rollvorgang führt.

Rotationsarbeit W_{rot} (rotational work) 4.21
Produkt aus dem an einer Kurbelwelle wirkenden Drehmoment und dem beim Drehen der Kurbel überstrichenen Drehwinkel.

Rotationsleistung P_{rot} (rotational power) 4.21
Produkt aus dem z. B. an einer Kurbelwelle wirkenden Drehmoment und der Winkelgeschwindigkeit, mit der die Kurbelwelle umläuft.

S

Schiebung γ (shift) 5.2
Werden die beiden Schnittufer einer Schubfeder durch eine Kraft gegeneinander verschoben, neigen sich beide Seitenflächen um den Winkel γ, der als Schiebung oder Winkelverzerrung genannt wird.

Schlankheitsgrad λ (degree of slenderness) 5.8
Zeigt als Quotient aus der freien Knicklänge zum Trägheitsradius über den Grenzschlankheitsgrad auf, ob bei der Knickbeanspruchung die Eulerbedingung gilt oder die Knickspannung nach den Tetmajer – Gleichungen berechnet werden muss.

Schräger Wurf (inclined throw) 4.8
Bewegungsablauf eines mit der Abwurfgeschwindigkeit unter dem Abwurfwinkel schräg nach oben oder schräg nach unten abgestoßenen Körpers ohne Berücksichtigung des Luftwiderstands.

Schlusslinienverfahren (closing line process) 1.6
Baut auf dem zeichnerischen Momentensatz auf (1.3). Über die Konstruktion der Schlusslinie im Lageplan können im Kräfteplan zum Beispiel unbekannte Lagerkräfte zeichnerisch ermittelt werden.

Schubmodul *G* (shear modulus) 5.17, 5.18
Durch Schubversuche an Probestäben der meisten Werkstoffe ermittelte Werkstoffkonstante.
Der Schubmodul für Stahl beträgt zum Beispiel $G_{Stahl} = 80.000$ N/mm² $= 8 \cdot 10^4$ N/mm².

Schwerpunkt S (centre of mass) 2.1
Derjenige körperfeste Punkt, in dem der Körper – abgestützt oder aufgehängt – in jeder beliebigen Lage in Ruhe bleibt (sich im Gleichgewicht befindet). Für kompliziert

aufgebaute technische Körpersysteme, z. B. eine Werkzeugmaschine, wird die Lage des Schwerpunkts durch Versuche ermittelt. Für einfachere Bauteile, z. B. ebene Blechteile, benutzt man den Momentensatz für zwei rechtwinklig zueinander stehende Lagen.

Seilreibung (cable friction) 3.6
Widerstand, der beim Ziehen eines Seils über einen walzenförmigen Körper überwunden werden muss.
Die Seilzugkraft wächst nach Euler und Eytelwein linear mit der am anderen Seilende wirkenden Zugkraft und exponentiell (e-Funktion) mit dem Produkt aus Reibungszahl und Umschlingungswinkel.

Seitenkraft F_s (side force) 6.1
Seitenwandbelastung eines Flüssigkeitsbehälters. Der Druck in einer Flüssigkeit breitet sich nach allen Seiten hin gleichmäßig aus.

Selbsthemmung (self-locking) 3.9
In der Statik die Bezeichnung für einen Vorgang, bei dem ein System ohne Krafteinwirkung zur Ruhe kommt oder durch Krafteinwirkung nicht bewegt werden kann. Beim Schraubgetriebe (z. B. Wagenheber) zum Beispiel hält nach einem Hub die Reibung im Schraubengewinde allein die Last auf der erreichten Hubhöhe. Selbsthemmungsbedingung:
Reibungswinkel > Gewindesteigungswinkel (gilt auch für Spindelpressen und schiefe Ebenen).

Spannungsarten (stress types) 5.1–5.6
Unterscheidung der im Querschnitt eines belasteten Bauteils wirkenden mechanischen Spannung nach Ursache und Richtung.
Die Normalspannung, hervorgerufen durch die Normalkraft, steht rechtwinklig auf der Querschnittsfläche.
Die Schubspannung, hervorgerufen durch die Querkraft, liegt in der Querschnittsfläche.

Spurzapfen (pintle) 3.8
Konstruktiv als Lagerung (Längslager) ausgebildetes Wellenende, das Axialkräfte aufnehmen soll.
Die Reibungszahlen für Spur- und Tragzapfenlagerung (Quer- und Längslager) werden aus Versuchen bestimmt.

Standsicherheit S (stability) 2.5
Ein Körper kippt über seine Kippkante („Drehpunkt“), wenn das auf ihn wirkende Kippmoment größer ist als sein Standmoment.
Das Kippmoment ergibt sich aus einer meist äußeren Kraft multipliziert mit ihrem Wirkabstand zum Kipppunkt. Das Standmoment dagegen oft aus der Gewichtskraft multipliziert mit ihrem Wirkabstand zum Kipppunkt.
Daraus ergibt sich die Standsicherheit als Quotient aus dem Stand- und Kippmoment. Sind beide Momente gleich groß, ist die Standsicherheit eins.

Steiner'scher Verschiebesatz (Steiner's displacement law) 5.4
Hat eine Teilfläche eine Schwerachse, die nicht mit der Schwerachse der Gesamtfläche zusammen fällt, dann muss zu deren Flächenmoment das Produkt aus der Teilfläche und dem Quadrat des Abstands der Teilschwerachse zur Gesamtschwerachse hinzu addiert werden (Jakob Steiner, 1796–1863).

Stoß (impact) 4.23
Physikalischer Vorgang, wenn sich zwei Körper während eines sehr kleinen Zeitabschnitts Δt berühren und dabei ihren Bewegungszustand ändern.

Stoßzahl (coeffizient of restitution) 4.23
Die Stoßzahl beschreibt das Verhältnis der Relativgeschwindigkeiten v und c zueinander.

Stützträger (support beam) 5.12
Bezeichnung aus der Statik für alle Maschinenelemente oder sonstige Bauteile, die beidseitig gelagert sind.

T

Tangentialkraft F_a (tangential force) 4.21
Die in Richtung der Tangente an einen zylinderförmigen Körper (Welle, Zahnrad, Walze) wirkende Kraft oder Kraftkomponente.

Tetmajer – Gleichungen (Tetmajer's equations) 5.7
Nur wenn die Nachrechnung des Schlankheitsgrads mit gegebenen oder festgelegten (Entwurfs-) Abmessungen einen Wert ergibt, der *kleiner* ist als der Grenzschlankheitsgrad, liegt unelastische Knickung vor. Dann gelten zur Ermittlung der Knickspannung statt der Eulergleichung die Tetmajer-Gleichungen.

Torsion (torsion) 5.5
Grundbeanspruchungsart, bei der zwei benachbarte Querschnitte durch ein Torsionsmoment gegeneinander verdreht werden (typische Wellenbeanspruchung). Das Torsionsmoment erzeugt im Querschnitt die Torsionsspannung.

Torsionshauptgleichung (principal equation of torsion) 5.5
Dient der Berechnung der Torsionsspannung z. B. einer auf Torsion beanspruchten Welle. Die Torsionsspannung ist linear über den Wellenquerschnitt verteilt und ist abhängig vom dem die Welle belastenden Torsionsmoment und dem polaren Widerstandsmoment.

Torsionsmoment M_T (torsional moment) 5.5
Statische Größe (Kräftepaar) im inneren Kräftesystem, die Torsionsspannungen (Schubspannungen) hervorruft.

Torsionsspannung τ_t (torsion stress) 5.5
Vom Querschnitt einer Welle aufzunehmende Spannung bei der Beanspruchungsart Torsion. Die Randfasern der Welle erhalten die stärkste Beanspruchung, die Wellenachse ist spannungsfrei, sie bleibt unverformt (lineare

Spannungsverteilung). Zweckmäßig sind daher Hohlwellen (Leichtbau).

Trägheitsgesetz (law of inertia) 4.13

Jeder Körper beharrt im Zustand der Ruhe oder der gleichförmig geradlinigen Bewegung, solange keine (resultierende) Kraft auf ihn einwirkt.
Diese Körpereigenschaft heißt Trägheit oder Beharrungsvermögen. Das Gesetz wird nach dem englischen Physiker und Begründer der Mechanik Isaac Newton (1642–1726) auch als erstes Newton'sches Axiom (Trägheitsaxiom) bezeichnet.

Trägheitsradius i (radius of inertia) 4.19

In der Festigkeitslehre die Wurzel des Quotienten aus dem axialen Flächenmoment und der Querschnittsfläche. Für häufig gebrauchte Querschnittsformen und Profilstähle in Tabellen angegeben.
In der Dynamik ist der Trägheitsradius die Wurzel des Quotienten aus dem Trägheitsmoment und der Masse.

Trägerarten (types of beam) 5.12

In der Technik gebräuchliche Bezeichnung für meist biegebeanspruchte Bauteile.
Man unterscheidet Freiträger und Stützträger. Freiträger sind alle einseitig befestigten, tragenden Bauteile, z. B. angeschweißte, geschraubte oder genietete Konsolbleche. Stützträger sind alle zwei- oder mehrfach an den Trägerenden gelagerte Achsen oder Wellen. Kragträger sind Stützträger, die mit einem oder mit beiden Enden über die Lagerstelle hinausragen.

Tragzapfen (pivot) 3.7

Konstruktiv als Lagerung (Längslager) ausgebildetes Wellenende, das Radialkräfte aufnehmen soll.
Die Reibungszahlen für Trag- und Spurzapfenlagerung (Längs- und Querlager) werden aus Versuchen bestimmt.

U

Überlagerungsprinzip (superposition principle) 4.27

Häufig angewendetes Verfahren zur Analyse und Ermittlung resultierender Wirkungen bei sich überlagernden Vorgängen oder Zuständen (Superpositionsverfahren).
Überlagerung von skalaren Größen: Ist die Durchbiegung eines Biegeträgers unter der Belastung mehrerer Einzelkräfte zu berechnen, ermittelt man die Durchbiegung durch jede Einzellast und addiert die ermittelten Beträge zur resultierenden Gesamtdurchbiegung.
Überlagerung von vektoriellen Größen: Ist die Momentangeschwindigkeit eines Körpers beim schrägen Wurf zu berechnen, ermittelt man die Geschwindigkeit des Körpers in waagerechter Wurfrichtung und in senkrechter Richtung und addiert beide geometrisch zur resultierenden Geschwindigkeit.

Übersetzung i (transmission) 4.10

Quotient (Verhältnis) aus der Antriebsdrehzahl (Antriebs-Winkelgeschwindigkeit) eines Getriebes zur Abtriebsdrehzahl (Abtriebs-Winkelgeschwindigkeit).

Hinweis: Die Drehzahlen (Winkelgeschwindigkeiten) eines Getriebes verhalten sich umgekehrt wie die Baugrößen (z. B. Durchmesser von Riemenscheiben).

Umfangsgeschwindigkeit v_u (circumferential speed) 4.9

Geschwindigkeit eines Punktes am Umfang eines rotierenden Bauteils (Rad, Schleifscheibe, Fräser, Bohrer, Lagerzapfen).
Für Berechnungen an Werkzeugmaschinen mit umlaufendem Werkstück oder Werkzeug wird die Umfangsgeschwindigkeit als Schnittgeschwindigkeit bezeichnet.

V

Verdrehwinkel φ (torsion angle) 5.5

Formänderungsgröße bei Torsionsbeanspruchung in Abhängigkeit vom eingeleiteten Torsionsmoment und der Torsionsstablänge.
Der Verdrehwinkel ist unabhängig von der Stahlgüte, weil der Schubmodul für alle Stahlsorten gleich groß ist.

Vergleichsmoment M_v (comparison torque) 5.9

Für die zusammengesetzte Beanspruchung Biegung und Torsion entwickelte Momentenbeziehung.
Mit dem Vergleichsmoment lässt sich der erforderliche Wellendurchmesser (Voll- oder Rohrquerschnitt) berechnen.

Verzögerung a (delay) 4.3

Es gilt die Grundgleichung der Beschleunigung – wird auch als negative Beschleunigung bezeichnet. Zum Beispiel gibt die Bremsverzögerung an, wie stark ein Körper (Fahrzeug, Schiff usw.) abgebremst wird.

W

Waagerechter Wurf (horizontal throw) 4.7

Bewegungsablauf eines horizontal abgestoßenen Körpers ohne Berücksichtigung des Luftwiderstands.

Wärmespannung σ_ϑ (thermal stress) 5.1

Mechanische Normalspannung, die durch eine Temperaturänderung (Temperaturdifferenz) in eingespannten Bauteilen auftritt. Dabei ist die Wärmespannung unabhängig von den Abmessungen des Bauteils.

Widerstandsmoment W (section modulus) 5.6

Geometrische Rechengröße für Festigkeitsberechnungen bei Biegung, Knickung und Torsion.
Das Widerstandsmoment ist der Quotient aus dem jeweiligen Flächenmoment des Querschnitts und dem äußeren Randfaserabstand von der Querschnittsachse. Entsprechend unterscheidet man zwischen axialen und polaren Widerstandsmomenten. Wie für die Flächenmomente 2. Grades sind auch für die Widerstandsmomente Berechnungsgleichungen für technisch wichtige Querschnittsformen entwickelt und in Tabellen zusammengestellt worden.

Wirkungsgrad η (work ratio factor) 4.18

In einem technischen Vorgang das Verhältnis aus Nutzarbeit (oder Nutzleistung) und aufgewendeter Arbeit (oder Leistung P_a).

Die bei jedem Vorgang unvermeidliche Reibungsarbeit wird in Wärme umgewandelt, die zu einem Teil für den eigentlichen Zweck verloren geht. Daher gilt immer: Wirkungsgrad < 1. Der Gesamtwirkungsgrad einer Maschine, einer Anlage oder eines physikalischen Vorgangs ist das Produkt der Einzelwirkungsgrade.

Wirkungsgrad η für Schraubgetriebe (work ratio factor for screw gear) 3.5

Wie bei der Definition des Wirkungsgrads allgemein (4.18) das Verhältnis der Nutzarbeit zur aufgewendeten Arbeit. Bei einer Schraubenumdrehung ist die Nutzarbeit das Produkt aus der Schraubenlängskraft und der Steigungshöhe (Hubarbeit). Die aufgewendete Arbeit ist das Produkt aus der Umfangskraft und dem Flankenumfang.

Z

Zentrales Kräftesystem (central force system) 1.1

In der Statik die an einem Bauteil angreifenden Kräfte, deren Wirklinien sich in einem gemeinsamen Angriffspunkt schneiden.

Solche Kräftesysteme sind dann im Gleichgewicht, wenn zwei Gleichgewichtsbedingungen erfüllt sind: $\Sigma F_x = 0$, $\Sigma F_y = 0$.

Zentripetalbeschleunigung a_z (centripetal acceleration) 4.25

Bei einer Drehbewegung muss ein umlaufender Körper dauernd in Richtung zum Mittelpunkt hin abgelenkt werden. Dazu ist eine Beschleunigung des Körpers erforderlich – die Zentripetalbeschleunigung.

Zentripetalkraft F_z (centripetal force) 4.25

Zum Mittelpunkt einer Bogenbahn (z. B. Kreisbogen) gerichtete Beschleunigungskraft. Die entgegengesetzt gerichtete gleichgroße Kraft heißt Fliehkraft oder Zentrifugalkraft.

Die Zentripetalkraft ist nach dem dynamischen Grundgesetz die Ursache für die Zentripetalbeschleunigung.

Zugbeanspruchung (tensile stress) 5.1

In der Festigkeitslehre eine der fünf Grundbeanspruchungsarten, bei der durch das äußere Kräftesystem zwei benachbarte Querschnitte des beanspruchten Bauteils voneinander entfernt werden – der Stab wird verlängert.

Zughauptgleichung (tensile principle equation) 5.1

Dient der Berechnung der Zugspannung eines auf Zug beanspruchten Bauteils. Die Zugspannung ist der Quotient aus der auf ein Bauteil wirkenden Normalkraft und der Querschnittsfläche, ist gleichmäßig über den Bauteilquerschnitt verteilt und darf nur über die das Bauteil belastende Zugkraft ermittelt werden.

Zweigelenkstäbe (double jointed bar) 1.9

In der Statik Bezeichnung für alle Bauteile, die an nur zwei Punkten gelenkig mit Nachbarbauteilen verbunden sind und auch nur dort Kräfte aufnehmen.

Die Gelenke werden als reibungsfrei angesehen, so dass die Bauteile (Stäbe genannt) nur Zug- oder Druckkräfte aufnehmen können. In diesem Sinn sind Fachwerke aus Zweigelenkstäben aufgebaut. Die Form der Stäbe hat dabei keinen Einfluss, sie können gerade oder gekrümmt sein.

Zweiwertiges Lager (two-valued bearing) 1.4

Bauart einer Lagerung, die eine beliebig gerichtete Kraft, jedoch kein Kraftmoment aufnehmen kann.

Da man die beliebig gerichtete Kraft in einem rechtwinkligen Koordinatensystem in zwei rechtwinklig aufeinander stehende Komponenten zerlegen kann, spricht man von zweiwertiger Lagerung.

Wellen sollen zum Beispiel Drehmomente weiterleiten und Zahnrad- oder Riemenkräfte über Wälz- oder Gleitlager auf das Gehäuse übertragen. Eins der beiden Wellenlager ist konstruktiv als zweiwertiges Lager (Festlager), das andere als einwertiges Lager (Loslager) ausgebildet.

Stichwortverzeichnis

A. Böge, W. Böge, *Formeln und Tabellen zur Technischen Mechanik*, https://doi.org/10.1007/978-3-658-44430-3_11

SPRINGER NATURE

GPSR Compliance

The European Union's (EU) General Product Safety Regulation (GPSR) is a set of rules that requires consumer products to be safe and our obligations to ensure this.

If you have any concerns about our products, you can contact us on ProductSafety@springernature.com

In case Publisher is established outside the EU, the EU authorized representative is:

Springer Nature Customer Service Center GmbH
Europaplatz 3
69115 Heidelberg, Germany

Printed by Wilco bv, the Netherlands